凉茶与本草
——中国凉茶资源植物

Herbal Tea and Chinese Materia Medica
——Chinese Resource Plants for Herbal Tea

主编 金红

副主编 唐旭东 马骥 王茜茜 刘荣杰

中国林業出版社
China Forestry Publishing House

主　编：

金　红（深圳市城管宣教和发展研究中心）

副主编：

唐旭东（深圳清华大学研究院）

马　骥（深圳清华大学研究院）

王茜茜（深圳市仙湖植物园）

刘荣杰（深圳市城管宣教和发展研究中心）

图书在版编目（CIP）数据

凉茶与本草：中国凉茶资源植物 / 金红主编；唐旭东等副主编. --北京：中国林业出版社，2022.12
ISBN 978-7-5219-1984-4

Ⅰ.①凉... Ⅱ.①金... ②唐... Ⅲ.①茶树—植物资源—研究—中国 Ⅳ.①S571.1

中国版本图书馆CIP数据核字（2022）第224870号

责任编辑：张　华
封面设计：刘临川

出版发行：中国林业出版社
（100009，北京市西城区刘海胡同7号，电话83143566）
电子邮箱：cfphzbs@163.com
网址：www.forestry.gov.cn/lycb.html
印刷：北京博海升彩色印刷有限公司
版次：2022年12月第1版
印次：2022年12月第1次印刷
开本：787mm×1092mm 1/16
印张：12.5
字数：230千字
定价：88元

前　言

中国是茶的故乡，也是凉茶的发源地。在中国的许多地方，特别是在岭南地区，凉茶是一种深受大众喜爱的日常饮品，不仅饮用历史悠久，民间流传广泛，而且积淀出深厚的文化底蕴。凉茶于2005年被广东省文化遗产工作领导小组认定为“广东省食品文化遗产”，于2006年入选“第一批国家级非物质文化遗产名录”，2014年被列入首份“香港非物质文化遗产代表作名录”，2017年列入“澳门非物质文化遗产清单”。

市场上流行的凉茶品牌以广东地区为最多，由于广东凉茶饮用范围较广、调理及防病效果明显，受到大众的广泛欢迎。广东凉茶创立的“王老吉”“黄振龙”“邓老凉茶”“二十四味凉茶”“清心堂凉茶”“徐其修凉茶”“沙溪凉茶”“石岐凉茶”等著名品牌，在我国香港、澳门及东南亚地区广为流传。

广东凉茶由中草药熬制而成，有清热、祛湿、补气等多种类型，如：“罗汉果五花茶”“斑痧凉茶”“参菊雪梨茶”“茅根竹蔗水”等。涉及的凉茶植物以岭南草药为主（例如：金沙藤、鸡骨草、金樱根、火炭母、鸡蛋花、木棉花、水翁花、布渣叶、山芝麻、葫芦茶、五指柑、鬼针草、救必应等），传统中药为辅（例如:薄荷、紫苏、蒲公英、菊花、夏枯草、白茅根等），还包括一些药食同源植物（例如：荷叶、鱼腥草、山楂、金银花、菊花、黑芝麻、百合、枸杞等）。

凉茶是我国独具特色的民族饮料，了解凉茶植物资源对满足公众对凉茶植物的认知需求及推动凉茶产业的发展具有重要意义。目前，我国鲜有专题介绍凉茶植物的书籍，本书共收载了82个凉茶植物分类群，隶属于40科75属，其中包含2019年中华人民共和国工业和信息化部发布的中华人民共和国轻工行业标准《植物饮料 凉茶》（QB/T 5206—2019）中收录的50种凉茶植物，2021年世界中医药学会联合会发布的国际组织标准《凉茶饮料》（SCM0027—2019）中收录的24种凉茶植物。此外，还有一些地方标准记录的，或进入国家药典委员会（2018）试点新增药食同源植物名单的新型凉茶资源植物也收录于本书（例如：沙棘、党参、肉苁蓉、铁皮石斛、黄芪、天麻、山茱萸、杜仲叶等）。书中以简洁的文字说明每个凉茶组分的来源、原植物、功效、法规与行标出处、文献记载，并配有高清彩色图片展示相应凉茶植物的识别特征。本书为凉茶组分与其原植物架起桥梁，为凉茶植物资源科学知识的传播提供助力。

本书收载凉茶植物的中文名主要参考 *Flora of China*（FOC），辅助参考《中国植物志》和中国植物图像库（http://ppbc.iplant.cn/）。植物学名主要参考密苏里植物园植物数据库（Tropicos, http://www.tropicos.org）、The Plant List（TPL, http://www.theplantlist.org）和《中国生物物种名录 2021 版》。书中被子植物科按 APG IV（Angiosperm Phylogeny Group IV）分类系统（2016）编排，使凉茶植物与现行植物分类学知识体系保持一致。

植物识别特征主要以 FOC、《中国植物志》和《中国高等植物科属检索表》的叙述为基础，结合编者多年来的野外考察经验，以简要清晰的文字对其进行客观描述，每种植物还配有多张彩色照片，方便读者图文对照、辨识植物。

本书植物的药用部位和功效主要参考《中华人民共和国药典》，《中华人民共和国药典》未收载的则依据地方标准。凡原植物中文名、学名与《中华人民共和国药典》或地方标准有差异时，均在括号内加以注明，其他差异在“文献记载”与“附注”项下予以补充说明。三级目录是原植物名及其学名，不列取页码。

全书附图 300 余幅，均为本书作者拍摄，图片版权归作者所有。每一种药用植物所采用的图片尽可能包括生境图、植物特征图，特别是花、果、叶的局部特写图，凡传统中药尽可能附有药材或饮片图，以在最大程度上准确地反映原植物、药材或饮片的基本特征。本书在编排上充分体现艺术观感，使读者在欣赏大量植物、药材和其生境图片的同时，学习植物分类学和中药学知识，促进凉茶植物资源研究和凉茶产业的可持续发展。

由于业务水平所限，本书遗漏和错误在所难免，恳请读者批评指正。

编者

2022 **年仲夏于深圳**

目　录

第三单元

第四单元

第六单元

第七单元

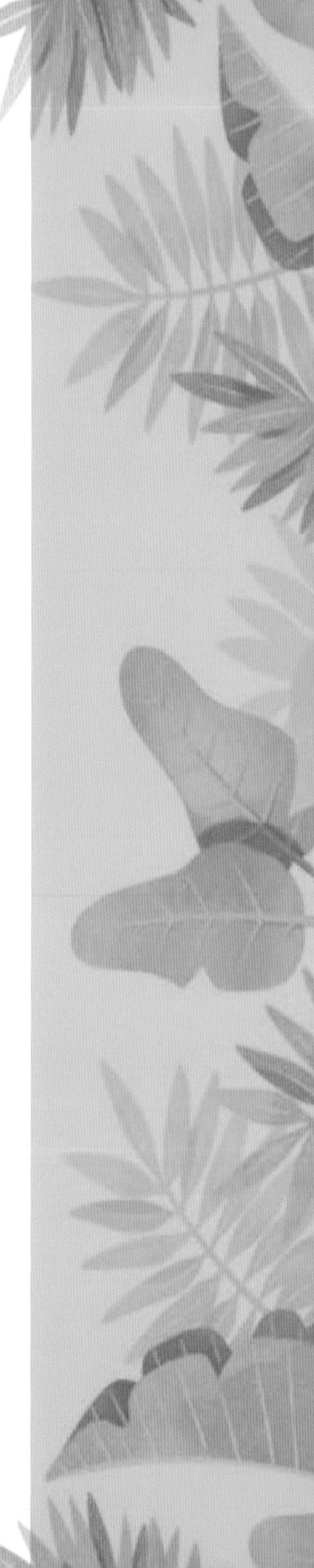

淡竹叶

禾本科·淡竹叶属

第一单元

海金沙科 Lygodiaceae

三白草科 Saururaceae

薯蓣科 Dioscoreaceae

百合科 Liliaceae

兰科 Orchidaceae

姜科 Zingiberaceae

莎草科 Cyperaceae

禾本科 Poaceae/Gramineae

01 金沙藤

【来源】海金沙科海金沙属海金沙的干燥地上部分。

【原植物】海金沙 **Lygodium japonicum**(Thunb.)Sw.

【功效】清热解毒,利水通淋。

【法规与行标】《广东省中药材标准》(第三册),159~160页。

【文献记载】

《中国植物志》第二卷,113~114页。以海金沙(《中国主要植物图说·蕨类植物门》)为正名收载。产江苏、安徽、浙江、广东、广西、福建、台湾、湖南、贵州、云南、四川等地。

据李时珍《本草纲目》载,本种"甘寒无毒。主治通利小肠,疗伤寒热狂,治湿热肿毒,小便热淋膏淋血淋石淋经痛,解热毒气"。又四川用之治筋骨疼痛。

《岭南采药录》173页。金沙藤,别名海金沙。形如井茜、铁线梗,治打伤折伤最妙。

《中华本草》第2册,第四卷,91~93页。以海金沙草(《本草纲目》)为正名收载,别名迷离网(《生草药性备要》)、左转藤(《天宝本草》)、罗网藤(《广州植物志》)等。地上部分入药,味甘,性寒;清热解毒,利水通淋,活血通络。

【附注】

藤茎为岭南常用草药和苗族民间药，也是“王老吉凉茶”组分之一。成熟孢子为传统中药“海金沙”。

【识别特征】

植株高1~4m。叶轴细长，叶略呈二型。不育羽片三角形，长宽各10~12cm；一回小羽片2~4对，卵圆形；二回小羽片2~3对，三角状卵形，掌状三裂；末回裂片短阔，边缘有不规则的浅圆锯齿。能育羽片三角状卵形，长宽约相等，为10~20cm；一回小羽片4~5对，椭圆披针形；二回小羽片3~4对，三角状卵形，羽状深裂；叶纸质。孢子囊穗排列稀疏，暗褐色，长2~4mm。

02 鱼腥草

【来源】三白草科蕺菜属蕺菜的新鲜全草或干燥地上部分。

【原植物】蕺菜 **Houttuynia cordata** Thunb.

【功效】清热解毒，消痈排脓，利尿通淋。

【法规与行标】《中华人民共和国药典》(2020年版一部)，234~235页。中华人民共和国轻工行业标准《植物饮料 凉茶》(QB/T 5206—2019)。

【文献记载】

《中国植物志》第二十卷，第一分册，008页。以蕺菜(《名医别录》)为正名收载，别名鱼腥草(《本草纲目》)、狗贴耳(广东梅县)、侧耳根(四川、云南、贵州)。产我国中部、东南至西南部各地，东起台湾，西南至云南、西藏，北达陕西、甘肃。生于沟边、溪边或林下湿地上。全株入药，有清热、解毒、利水之效。嫩根茎可食，西南地区常作蔬菜或调味品。

《中华本草》第3册，第八卷，415~418页。带根全草入药，味苦，性微寒；清热解毒，排脓消痈，利尿通淋。

【附注】

传统中药。药食同源植物。“二十四味凉茶”成分之一。

【识别特征】

多年生草本，高30~60cm。全株有鱼腥味。茎下部伏地，节上轮生小根。单生互生，叶片心形或宽卵形，长3~8cm，宽4~6cm，基部心形，全缘，下面常为紫红色，托叶与叶柄合生成鞘。穗状花序与叶对生，总苞4，白色花瓣状；花小而密，无被；雄蕊3，花丝下部与子房合生；雌蕊由3个下部合生的心皮组成，子房上位。蒴果顶端开裂，种子多数。花期5~7月，果期7~9月。

03 山　药

【来源】薯蓣科薯蓣属薯蓣的新鲜或干燥根茎。

【原植物】薯蓣 **Dioscorea polystachya** Turcz.

(《中华人民共和国药典》:薯蓣科植物薯蓣 **Dioscorea opposita** Thunb. 的干燥根茎。)

【功效】补脾养胃,生津益肺,补肾涩精。

【法规与行标】《中华人民共和国药典》(2020年版一部),30页;中华人民共和国轻工行业标准《植物饮料 凉茶》(QB/T 5206—2019)。

【文献记载】

《中国植物志》第十六卷,第一分册,103~105页。以薯蓣(《种子植物名称》)为正名收载。分布于黑龙江、吉林、辽宁、河北、山东、河南、安徽(淮河以南)、江苏、浙江、江西、福建、台湾、湖北、湖南、广西(北部)、贵州、云南(北部)、四川、甘肃(东部)、陕西(南部)等地。生于山坡、山谷林下,溪边、路旁的灌丛中或杂草中;或为栽培。块茎为常用中药"淮山药",有强壮、祛痰的功效;又能食用。

《中华本草》第8册,第二十二卷,241~246页。山药(侯宁极《药谱》),别名薯蓣、山芋(《神农本草经》)、怀山药(《饮片新参》)、野白薯(《湖南药物志》)、山板薯(《广西中药志》)等。块茎入药,味甘,性平;补脾,养肺,固肾,益精。

【附注】

传统中药。药食同源植物。

【识别特征】

多年生缠绕草本，块茎长圆柱形，垂直生长，长可达1m多，外皮灰褐色，断面干时白色。茎常带紫红色，右旋。单叶在茎下部互生，中部以上对生，稀3叶轮生；叶片卵状三角形至宽卵形或戟形，变异大，长3~9cm，宽2~7cm，基部心形，边缘常3裂，叶腋内有珠芽。花极小，单性异株，穗状花序；雄花序直立，聚生于叶腋；花被片6，雄蕊6。雌花序下垂，子房下位。蒴果，具3翅。花期6~9月，果期7~11月。

04 百　合

【来源】百合科百合属卷丹、百合、细叶百合的干燥肉质鳞叶。

【原植物】卷丹 **Lilium lancifolium** Thunb.、百合 **L. brownii** var. **viridulum** Baker.、山丹(细叶百合)**L. pumilum** DC.

【功效】养阴润肺,清心安神。

【法规与行标】《中华人民共和国药典》(2020年版一部),137~138页;中华人民共和国轻工行业标准《植物饮料 凉茶》(QB/T 5206—2019)。

【文献记载】

《中国植物志》第十四卷,147页。山丹,别名细叶百合。产河北、河南、山西、陕西、宁夏、山东、青海、甘肃、内蒙古、黑龙江、辽宁和吉林。生于海拔400~2600m的山坡草地或林缘。鳞茎含淀粉,供食用,亦可入药,有滋补强壮、止咳祛痰、利尿等功效。花美丽,可栽培供观赏,也含挥发油,可提取供香料用。

《中华本草》第8册,第二十二卷,112~118页。百合(《神农本草经》),鳞茎入药,味甘、微苦,性微寒;养阴润肺,清心安神。

【附注】

传统中药。药食同源植物。

【识别特征】

细叶百合：多年生草本，高达15~60cm。鳞茎卵形或圆锥形，高2.5~4.5cm，直径2~3cm；鳞叶长2~3.5cm，宽1~1.5cm，白色，肉质。茎直立，有时带紫色条纹。叶散生，条形，长3.5~9cm，宽1.5~3cm，边缘有乳头状突起。花单生或数朵排成总状花序，花被片6，披针形，鲜红色，通常无斑点，向外反卷，长达4~4.5cm；雄蕊6，短于花被；子房上位。蒴果矩圆形，长2cm，宽1.2~1.8cm。花期7~8月，果期9~10月。

卷丹与百合、细叶百合的主要区别：花橙红色，有紫黑色斑点 。

百合与卷丹、细叶百合的主要区别：花大，乳白色，无斑点。

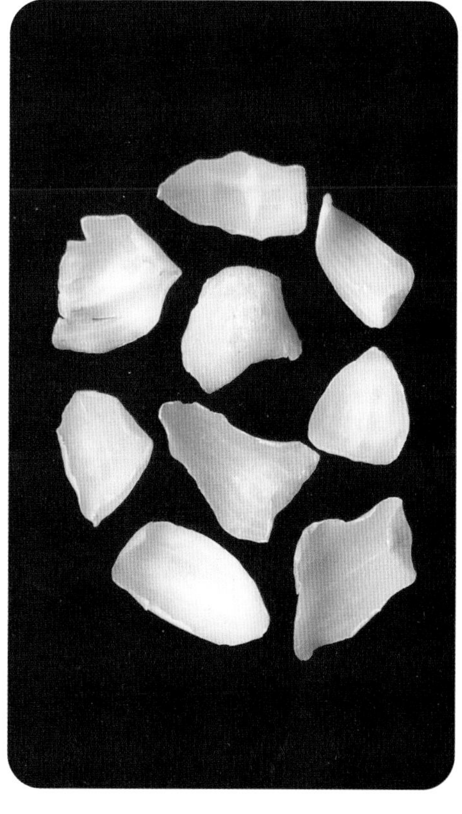

05 玉 竹

【来源】百合科黄精属玉竹的干燥根茎。

【原植物】玉竹 **Polygonatum odoratum**（Mill.）Druce

【功效】养阴润燥，生津止渴。

（《广东省中药材标准》：清热解毒，凉血止血，行气止痛）

【法规与行标】《中华人民共和国药典》（2020年版一部），86~87页；中华人民共和国轻工行业标准《植物饮料 凉茶》（QB/T 5206—2019）。

【文献记载】

《中国植物志》第十五卷，61~62页。以玉竹（《名医别录》）为正名收载，别名萎蕤（《神农本草经》）、地管子（河北）、尾参（湖北）、铃铛菜（辽宁、河北）。产黑龙江、吉林、辽宁、河北、山西、内蒙古、甘肃、青海、山东、河南、湖北、湖南、安徽、江西、江苏。生于海拔500~3000m的林下或山野阴坡。根状茎药用，系中药“玉竹”，关于药材“玉竹”和“黄精”的区别，可参考《中药志》。本种广布于欧亚大陆的温带，变异甚大。

《中华本草》第8册，第二十二卷，137~141页。玉竹，别名萤、委萎（《尔雅》）、女萎（《神农本草经》）、葳蕤、王马、节地、虫蝉、乌萎（《吴普本草》）、萎蕤、葳参、玉术（《滇南本草》）、连竹、西竹（《广东中药》）等。根茎入药，味甘，性平；滋阴润肺，养胃生津。

【附注】

传统中药。药食同源植物。

【识别特征】

多年生草本，高20~50cm。根状茎横生，肥厚呈微扁平的圆柱状，节密而明显，直径5~14mm。茎单一，具纵棱，具7~12叶。单叶互生，长椭圆形或斜卵形，长5~12cm，宽3~6cm，叶背粉绿色有白霜，全缘。花乳白色，1~2朵生于叶腋，下垂；花被片6，下部合生成筒，全长13~20mm；雄蕊6，子房上位，3室。浆果球形，蓝黑色，直径7~10mm，具7~9颗种子。花期6~7月，果期7~8月。

06 黄　精

【来源】百合科黄精属黄精的干燥根茎。

【原植物】黄精 **Polygonatum sibiricum** F. Delaroche、滇黄精 **P. kingianum** Coll. & Hemsl. 及多花黄精 **P. cyrtonema** Hua

【功效】补气养阴，健脾，润肺，益肾。

【法规与行标】《中华人民共和国药典》(2020年版一部)，319~320页；中华人民共和国轻工行业标准《植物饮料 凉茶》(QB/T 5206—2019)。

【文献记载】

《中国植物志》第十五卷，78页。以黄精(《证类本草》)为正名收载。别名鸡头黄精(《中药志》)、爪子参(陕西)、鸡爪参(甘肃)等。产黑龙江、吉林、辽宁、河北、山西、甘肃(东部)、河南、山东、安徽(东部)、浙江(西北部)。生于海拔800~2800m的林下、灌丛或山坡阴处。根状茎为常用中药“黄精”。

《中华本草》第8册，第二十二卷，142~148页。作为黄精来源之一收载，别名龙衔(《广雅》)、鹿竹、救穷(《名医别录》)、马箭、仙人余粮(《本草图经》)等。根茎入药：味甘，性平；养阴润肺，补脾益气，滋肾填精。

【附注】

传统中药。药食同源植物。

【识别特征】

多年生草本，以卷曲的叶尖卷他物而上升，高可达1m以上。根状茎横生，肥厚，圆柱状，长达20cm，白色，有节。地上茎单一，有纵棱。叶4~6片，轮生，条状披针形，长8~15cm，宽6~16mm，先端拳卷或弯曲成钩状，全缘，表面绿色，背面粉白色。总花梗腋生，具2~4朵花；花淡绿色或白色，全长9~12mm，花被筒中部稍缢缩，裂片6，长约4mm；雄蕊6，内藏；子房上位，3室。浆果球形，熟时黑色。花期5~6月，果期7~9月。

07 铁皮石斛

【来源】兰科石斛属铁皮石斛的干燥茎。

【原植物】铁皮石斛 **Dendrobium officinale** Kimura & Migo

【功效】清肺化痰，生津止渴。

【法规与行标】《中华人民共和国药典》(2020年版一部)，295~296页。

【文献记载】

《中国植物志》第十九卷，117页。以铁皮石斛(《中药志》)为正名收载，别名黑节草(《中国高等植物图鉴》)、云南铁皮(云南)。产安徽西南部(大别山)、浙江东部(鄞州、天台、仙居)、福建西部(宁化)、广西西北部(天峨)、四川、云南东南部(石屏、文山、麻栗坡、西畴)。生于海拔达1600m的山地半阴湿的岩石上。

《中华本草》第8册，第十四卷，705~446页。作为石斛(《神农本草经》)来源之一收载，别名林兰(《神农本草经》)、杜兰、千年竹(《植物名实图考》)等。茎入药，味甘，性微寒。生津养胃，滋阴清热，润肺益肾，明目强腰。

【附注】

铁皮石斛11月至翌年3月采收，除去杂质，剪去部分须根，边加热边扭成螺旋形或弹簧状，烘干；或切成段，干燥或低温烘干，前者习称“铁皮枫斗”(耳环石斛)；后者习称“铁皮石斛”。

【识别特征】

多年生附生草本，高9~35cm。茎直立，圆柱形，粗2~4mm，不分枝，多节，常在中部以上互生3~5枚叶。叶长圆状披针形，长3~7cm，宽9~15mm，先端多少钩转，基部下延为抱茎的鞘，叶鞘老时其上缘与茎松离而张开，并且与节留下1个环状铁青的间隙。总状花序，具花2~3朵；花序轴回折状弯曲，长2~4cm；花苞片干膜质，浅白色；花梗和子房长2~2.5cm；萼片和花瓣各3，黄绿色，长约1.8cm，具5条脉；唇瓣白色，基部具1个绿色或黄色的胼胝体，中部以下两侧具紫红色条纹，边缘多少波状；蕊柱黄绿色，长约3mm，先端两侧各具1个紫斑点；蕊柱足黄绿色带紫红色条纹。花期3~6月。

08 天　麻

【来源】兰科天麻属天麻的干燥块茎。

【原植物】天麻 **Gastrodia elata** Bl.

【功效】息风止痉，平抑肝阳，祛风通络。

【法规与行标】《中华人民共和国药典》(2020年版一部)，59~60页。

【文献记载】

《中国植物志》第18卷，第31~32页。以天麻《开宝本草》为正名收载，别名赤箭(《神农本草经》)。产吉林、辽宁、内蒙古、河北、山西、陕西、甘肃、江苏、安徽、浙江、江西、台湾、河南、湖北、湖南、四川、贵州、云南和西藏。生于疏林下，林中空地、林缘，灌丛边缘，海拔400~3200m。

天麻是名贵中药，用以治疗头晕目眩、肢体麻木、小儿惊风等症。周铉先生将我国天麻分为天麻(原变型)、绿天麻(变型)、乌天麻(变型)、松天麻(变型)、黄天麻(变型)5个变型。

《中华本草》第8册，716~722页，记载：天麻别名赤箭(《神农本草经》)、神草(《吴普本草》)、独摇芝(《抱朴子》)、定风草(《药性论》)等。块茎入药，味甘、辛，性平；息风止痉，平肝，祛风通络。

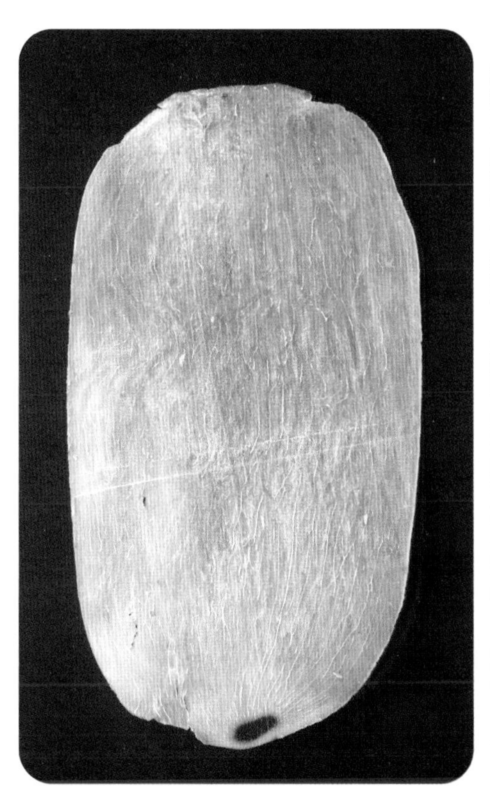
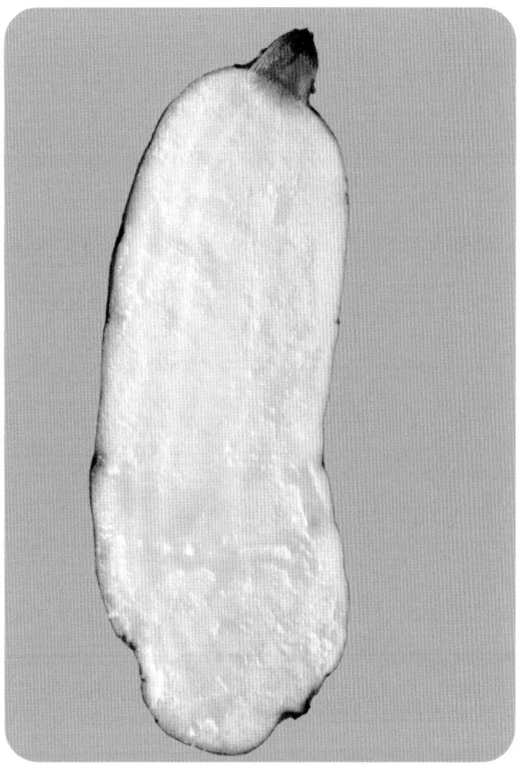

【附注】

传统中药。国家卫生健康委员会2018年公布的试点新增9种药食同源植物之一。

【识别特征】

多年生腐生草本，高30~100cm。根状茎肥厚，块茎状，肉质，椭圆形至近哑铃形，长8~12cm，直径3~7cm，外皮黄白色，具较密的节。茎直立，橙黄色至蓝绿色，无绿叶，下部被数枚膜质鞘。总状花序顶生，具30~50朵花；花梗和子房长7~12mm；花扭转，淡黄色或黄白色；萼片和花瓣合生成筒，长约1cm，顶端5裂；萼片离生部分卵状三角形，花瓣离生部分近长圆形，较小；唇瓣长6~7mm，3裂；蕊柱长5~7mm，花粉团2个，子房下位。蒴果倒卵状椭圆形，长1.4~1.8cm，宽8~9mm，黄褐色，具短梗。花期6~7月，果期7~8月。

09 姜

【来源】姜科姜属姜的干燥根茎。

【原植物】姜 **Zingiber officinale** Roscoe

【功效】生姜:散寒解表,降逆止呕,化痰止咳。干姜:温中散寒,回阳通脉,温肺化饮。炮姜:温经止血,温中止痛。

【法规与行标】《中华人民共和国药典》(2020年版一部),15~16页;中华人民共和国轻工行业标准《植物饮料 凉茶》(QB/T 5206—2019)。

【文献记载】

《中国植物志》第十六卷,第二分册,141页。以姜(《神农本草经》)为正名收载。我国中部、东南部至西南部各地广为栽培。亚洲热带地区亦常见栽培。根茎供药用,干姜主治心腹冷痛,吐泻,肢冷脉微,寒饮喘咳,风寒湿痹。生姜主治感冒风寒,呕吐,痰饮,喘咳,胀满;解半夏、天南星及鱼蟹、鸟兽肉毒。又可作烹调配料或制成酱菜、糖姜。茎、叶、根茎均可提取芳香油,用于食品、饮料及化妆品香料中。

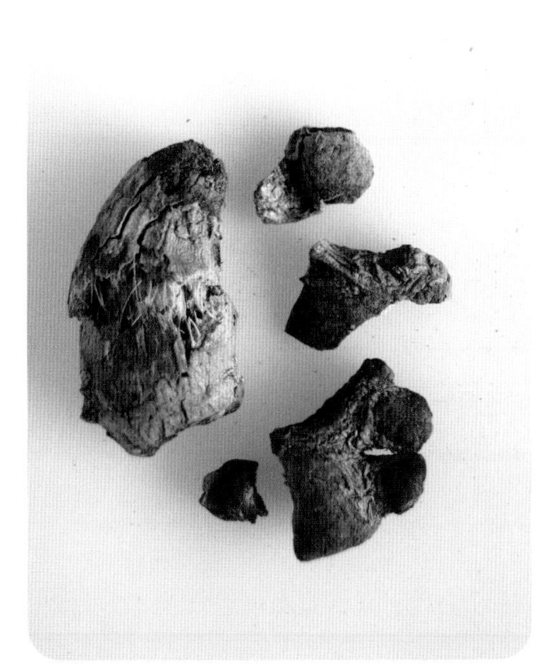

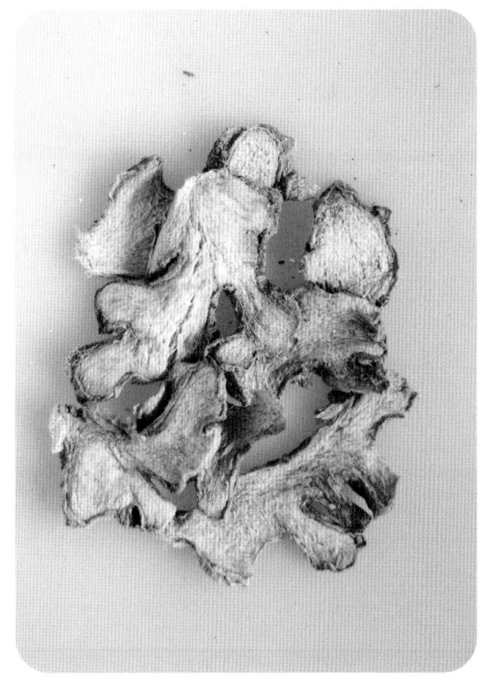

【附注】

传统中药。药食同源植物。冬季采挖,除去须根和泥沙,晒干或低温干燥为“干姜”。取干姜,用砂烫至鼓起,表面棕褐色为“炮姜”。

【识别特征】

多年生草本,高0.5~1m。根茎肥厚,多分枝,有芳香及辛辣味。叶二列,披针形或线状披针形,长15~30cm,宽2~2.5cm。穗状花序球果状,长4~5cm;苞片卵形,长约2.5cm,淡绿色或边缘淡黄色,顶端有小尖头;花萼管长约1cm;花冠黄绿色,管长2~2.5cm,裂片披针形,长不及2cm;退化雄蕊与唇瓣结合,形成有3个裂片的唇瓣,有紫色条纹及淡黄色斑点;雄蕊1,暗紫色,花药长约9mm,药隔附属体钻状;子房下位。蒴果。花期秋季。

10 荸　荠

【来源】莎草科荸荠属荸荠的新鲜球茎。

【原植物】荸荠 **Eleocharis dulcis**(Burm. f.)Trin. ex Hensch.

【功效】清热生津,化痰,消积。

【文献记载】

《中国植物志》第十一卷,49~50页。以荸荠为正名收载,别名马蹄(粤俗)。全国各地都有栽培。球茎富含淀粉,供生食、熟食或提取淀粉,味甘美;也供药用。开胃解毒,消宿食,健肠胃。

《广州植物志》749页。为一水生草本,常植于水田中。广州近郊时见栽培。秋冬月掘取其球茎,生食或煮食,味甘美可口。或由其球茎内提取淀粉晒干,名曰马蹄粉,供食用。

《中华本草》第8册,第二十三卷,566~568页。以荸荠(《日用本草》)为正名收载,别名水芋、乌芋(《广雅》)、乌茨(《名医别录》)、铁篛脐(《救荒本草》)、地栗(《通志》)、马蹄(《本草求原》)、红慈姑(《民间草药汇编》)。球茎入药,味甘,性寒。清热生津,化痰,消积。

【附注】

南方常见蔬菜，也是岭南许多地区“糖水”的原料之一。为“黄振龙凉茶——茅根竹蔗水”的主要组分之一。

【识别特征】

多年生水生草本，匍匐茎细长，其顶端生块茎，俗称荸荠。秆多数，丛生，直立，高15~60cm。无叶片，秆基部有叶鞘2~3；近膜质，绿黄色，紫红色或褐色，高2~20cm，鞘口斜。小穗顶生，长1.5~4cm，有多数花，小穗基部有两片鳞片中空无花；其余鳞片全有花，松散地覆瓦状排列，雄蕊3；花柱基部与子房连生，柱头3。小坚果宽倒卵形，双凸状，长约2.4mm，成熟时棕色，光滑。花果期5~10月。

11 薏苡仁

【来源】禾本科薏米属薏米的干燥成熟种仁。

【原植物】薏米 **Coix lacryma-jobi** var. **ma-yuen**(Rom. Caill.)Stapf ex Hook. f. [《中华人民共和国药典》:薏米 **Coix lacryma-jobi** L. var. **mayuen**(Roman.) Stapf]

【功效】利水渗湿,健脾止泻,除痹,排脓,解毒散结。

【法规与行标】《中华人民共和国药典》(2020年版一部),393~394页。中华人民共和国轻工行业标准《植物饮料 凉茶》(QB/T 5206—2019)。

【文献记载】

《中国植物志》第十卷,第二分册,290~294页。以薏米(《药品化义》)为正名收载,别名苡米(《本草求原》)、六谷米、绿谷(云南地方名)、回回米(《救荒本草》)等。我国东南部常见栽培或逸生。产辽宁、河北、河南、陕西、江苏、安徽、浙江、江西、湖北、福建、台湾、广东、广西、四川、云南等地。生于温暖潮湿的十边地和山谷溪沟,海拔2000m以下较普遍。

颖果又称苡仁,味甘淡微甜,营养丰富。其米仁入药有健脾、利尿、清热、镇咳之效。叶与根均可作药用。秆与叶为家畜的优良饲料。

《中华本草》第8册,第二十三卷,329~334页。薏苡仁(《神农本草经》),种仁入药:味甘、淡,性微寒;利湿健脾,舒筋除痹,清热排脓。根入药:味苦、甘,性微寒;清热通淋,利湿杀虫。

【附注】

传统中药。药食同源植物。粤菜常用汤料。

【识别特征】

多年生草本，高1~1.5m。秆直立。叶互生，长披针形，长达40cm，宽1.5~3cm，基部鞘状抱茎。总状花序腋生；小穗单性；雄小穗常2~3，生于花序上部，仅1枚无柄小穗可育，雄蕊3；雌小穗常2~3，生于花序下部，仅1枚发育成熟。果实成熟时，总苞坚硬而光滑，内含1颖果。花果期7~10月。

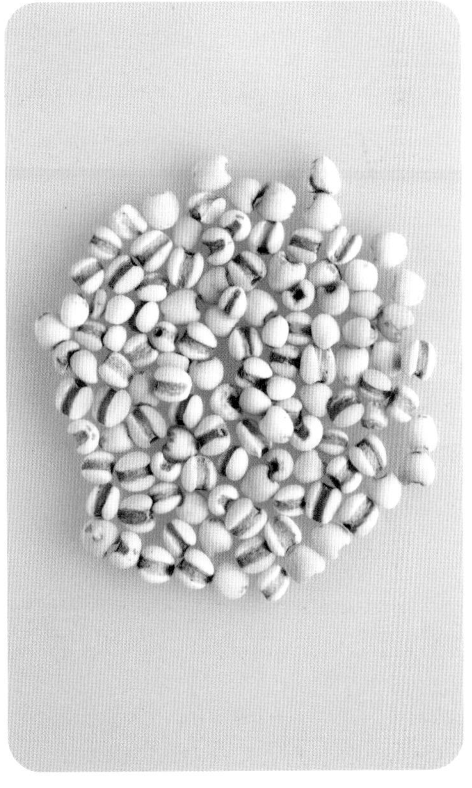

12 白茅根

【来源】禾本科白茅属白茅的新鲜或干燥根茎。

【原植物】白茅**Imperata cylindrica**(L.)Raeusch.

[《中华人民共和国药典》:白茅 **Imperata cylindrica** Beauv. var. **major** (Nees)C. E. Hubb.]

【功效】凉血止血,清热利尿。

【法规与行标】《中华人民共和国药典》(2020年版一部),111页。中华人民共和国轻工行业标准《植物饮料 凉茶》(QB/T 5206—2019)。

【文献记载】

《广州植物志》829~830页。以白茅为正名收录,别名黄茅(广东)、茅草(台湾)。为草原和山坡上极常见的野草,根茎蔓延甚广,且生长力极强。根茎称茅根,味甜可食,为缓和剂、营养剂、利尿剂。

《中华本草》第8册,第二十三卷,357~361页。以白茅根(《本草经集注》)为正名收录,别名地菅、地筋(《名医别录》)、白毛菅(《本草经集注》)、白花茅根(《日华子本草》)、丝毛草根(《中药志》)等。根茎或花序入药,味甘,性寒;凉血止血,清热生津,利水通淋。

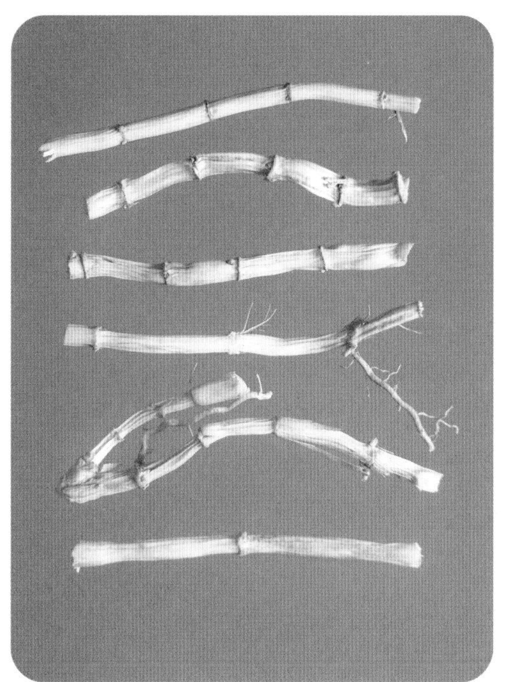

【附注】

传统中药。药食同源植物。“黄振龙凉茶”“邓老凉茶”组分之一。“茅根竹蔗水”的主要组分之一。根状茎含果糖、葡萄糖等，味甜可食，茅花俗用以止血；茎叶为牲畜牧草，秆为造纸的原料。

【识别特征】

多年生草本，高20~100cm。根状茎白色，匍匐横走，密生鳞片。秆丛生，直立。叶线形或线状披针形；根出叶长与植株近相等，茎生叶较短，宽3~8mm，叶鞘褐色，具短叶舌。圆锥花序紧缩呈穗状，顶生；小穗成对排列；花两性，每小穗具1花；雄蕊2；雌蕊1，柱头羽毛状。颖果椭圆形，成熟果序被白色长柔毛。花期5~6月，果期6~7月。

13 淡竹叶

【来源】禾本科淡竹叶属淡竹叶的干燥茎叶。

【原植物】淡竹叶 **Lophatherum gracile** Brongn.

【功效】清热泻火,除烦止渴,利尿通淋。

【法规与行标】《中华人民共和国药典》(2020年版一部),342页。中华人民共和国轻工行业标准《植物饮料 凉茶》(QB/T 5206—2019)。

【文献记载】

《中国植物志》第九卷,第二分册,35~36页。以淡竹叶(《本草纲目》)为正名收录。产江苏、安徽、浙江、江西、福建、台湾、湖南、广东、广西、四川、云南。生于山坡、林地或林缘、道旁庇荫处。叶为清凉解热药。

《广州植物志》781~782页。淡竹叶多生于湿地上,白云山时见之。根苗捣汁和米,以增芳香,叶供药用,为清凉解热利尿药。

《中华本草》第8册,第二十三卷,366~369页。以淡竹叶(《滇南本草》)为正名收录,别名竹叶门冬青(《分类草药性》)、山冬、地竹(《广西中药志》)、淡竹米(《药材学》)等。茎叶入药,味苦,性寒;清热,除烦,利水。

【附注】

传统中药。药食同源植物。“源吉林甘和茶”“王老吉凉茶”主要组分之一。

【识别特征】

多年生草本，须根黄白色，其中部常膨大形似纺锤状的块根。秆直立，中空，高40~80cm，具5~6节。叶互生，叶鞘平滑或外侧边缘具纤毛；叶舌质硬，褐色，背有糙毛；叶片披针形，长6~20cm，宽1.5~2.5cm，全缘；叶脉平行，小横脉明显，呈方格状。圆锥花序顶生，长12~25cm，斜升或开展；小穗线状披针形，长7~12mm；小花两性，颖具5脉，边缘膜质；外稃较颖为长，具7脉；内稃短于外稃；雄蕊2，子房卵形，花柱2，柱头羽状。颖果长椭圆形。花期6~9月，果期10月。

14 芦　根

【来源】禾本科芦苇属芦苇的新鲜或干燥根茎。

【原植物】芦苇 **Phragmites australis**(Cav.)Trin. ex Steud.

(《中华人民共和国药典》:芦苇 **Phragmites communis** Trin.)

【功效】清热泻火,生津止渴,除烦,止呕,利尿。

【法规与行标】《中华人民共和国药典》(2020年版一部),171页。中华人民共和国轻工行业标准《植物饮料 凉茶》(QB/T 5206—2019)。

【文献记载】

《中国植物志》第九卷,第二分册,27~28页。芦苇(《台湾植物名录》)为正名收载,别名芦、苇、葭(《名医别录》)等。产全国各地。生于江河湖泽、池塘沟渠沿岸和低湿地。为全球广泛分布的多型种。除森林生境不生长外,各种有水源的空旷地带,常以其迅速扩展的繁殖能力,形成连片的芦苇群落。秆为造纸原料或作编席织帘及建棚材料;茎、叶嫩时为饲料;根状茎供药用,为固堤造陆先锋环保植物。

《中华本草》第8册,第二十三卷,390~395页。芦根(《名医别录》),别名苇根(《温病条辨》)、芦菰根(《草木便方》)、水蓢蕻(《岭南采药录》)等。根茎入药,味甘,性寒;清热生津,除烦止呕,利水透疹。

【附注】

传统中药。药食同源植物。

【识别特征】

多年生高大草本，高1~3m。地下茎粗壮，横走，节间中空，节上有芽。茎直立，中空。叶二列，互生；叶鞘圆筒状；叶舌有毛；叶片扁平，长15~45cm，宽1~3.5cm，边缘粗糙。穗状花序排列成大型的圆锥花序，顶生；小穗通常有花4~7。颖果椭圆形至长圆形。花果期7~10月。

白扁豆

豆科·扁豆属

第二单元

莲科 Nelumbonaceae

豆科 Fabaceae

15 荷 叶

【来源】莲科莲属莲的干燥叶。

【原植物】莲 **Nelumbo nucifera** Gaertn.

(《中华人民共和国药典》:睡莲科植物莲 **Nelumbo nucifera** Gaertn.)

【功效】清暑化湿,升发清阳,凉血止血。

【法规与行标】《中华人民共和国药典》(2020年版一部),287~288页。中华人民共和国轻工行业标准《植物饮料 凉茶》(QB/T 5206—2019)。

【文献记载】

《中国植物志》第二十七卷,003~005页。以莲(《本草纲目》)为正名收载,别名莲花(《本草纲目》)、荷花(通称)等。产我国南北各地。自生或栽培在池塘或水田内。根状茎(藕)作蔬菜或提制淀粉(藕粉);种子供食用。叶、叶柄、花托、花、雄蕊、果实、种子及根状茎均作药用;藕及莲子为营养品,叶(荷叶)及叶柄(荷梗)煎水喝可清暑热,藕节、荷叶、荷梗、莲房、雄蕊及莲子都富有鞣质,作收敛止血药。叶为茶的代用品,又作包装材料。

《广东植物志》第三卷,6~7页。别名莲花(《本草纲目》)、芙蕖(《尔雅》)、芙蓉(《古今注》)。广东及海南各地湖沼、池塘或水田中常有栽培。叶煎水服,清暑热,可作茶的代用品。

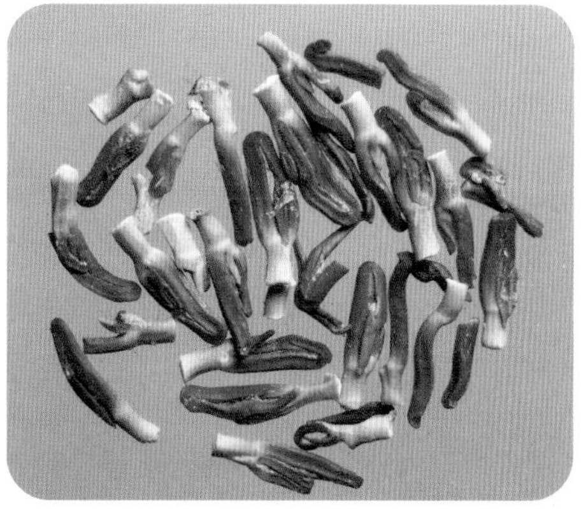

【附注】

荷叶、莲子均为传统中药和药食同源植物。荷叶是“二十四味凉茶”组分之一。莲子列入中华人民共和国轻工业标准《植物饮料 凉茶》(QB/T 5206—2019)。

【识别特征】

多年生水生草本。根茎肥厚横走，节部缢缩。叶伸出水面，近圆形，直径25~90cm，全缘，稍呈波状；叶柄粗大，盾状着生于叶背中央。花大，单生，直径14~24cm，白色或粉红色；萼片4~5，绿色，早落；花瓣与雄蕊均多数，心皮20~30，离生，嵌于平头倒圆锥形的肉质花托内，花托于果期膨大呈莲蓬，直径5~10cm，海绵质。坚果卵形或椭圆形，种子1粒。花期6~8月，果期8~10月。

16 鸡骨草

【来源】豆科相思子属广州相思子的干燥全株。

【原植物】广州相思子 **Abrus cantoniensis** Hance

【功效】利湿退黄，清热解毒，疏肝止痛。

【法规与行标】《中华人民共和国药典》（2020年版一部），203页。

【文献记载】

《中国植物志》第四十卷，126页。以广州相思子（《广州植物志》）为正名收载，别名鸡骨草（广东、广西）、地香根（广东）、山弯豆（广西）。产湖南、广东、广西。生于疏林、灌丛或山坡，海拔约200m。带根全株及种子均供药用，可清热利湿、舒肝止痛。

《广东植物志》第五卷，229页。鸡骨草产广州、东莞、惠阳、深圳以及粤西、粤东各地，多生于海拔200m左右的山坡草丛中或小灌木林中。根、茎、叶入药，种子有剧毒，不可服用。

《岭南采药录》36页。广州相思子叶似铁线，形如冬瓜子，对生，凡黄食证，取其蔃约七八钱，和猪骨约二两，煮四五点钟服之，三四次便愈。

《中华本草》第4册，第十一卷，303~305页。鸡骨草（《岭南采药录》），别名黄头草、大黄草（《岭南采药录》）、猪腰草（《广东中药》）等。全草入药，味甘、微苦，性凉；清热利湿，散瘀止痛。

【附注】

岭南常用草药。粤菜常用汤料。

【识别特征】

攀缘灌木，高1~2m。枝细直，平滑，被白色柔毛，老时脱落。羽状复叶互生，小叶6~11对，长圆形或倒卵状长圆形，长0.5~1.5cm，宽3~5mm，先端截形或稍凹缺，具细尖，上面被疏毛，下面被糙伏毛，小叶柄短。总状花序腋生；花小，两性，长约6mm，聚生于花序轴的短枝上；花梗短；花冠蝶形，紫红色或淡紫色；雄蕊9，单体；子房上位。荚果长圆形，扁平，长约3cm，宽约1.3cm，顶端具喙，种子4~5粒，黑褐色。花期8月。

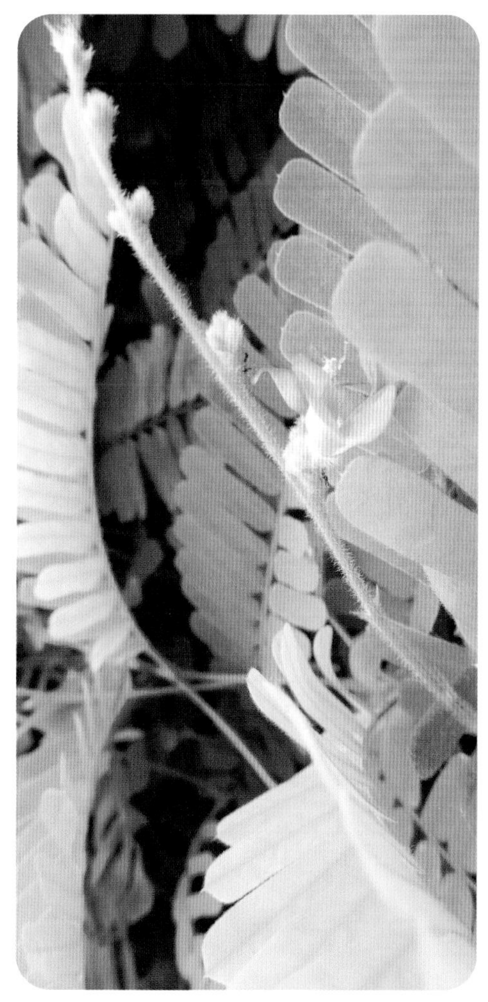

17 黄　芪

【来源】豆科黄芪属蒙古黄芪的干燥根。

【原植物】蒙古黄芪 **Astragalus membranaceus** var. **mongholicus**(Bunge.) P.K. Hsiao 或膜荚黄芪 **Astragalus membranaceus**(Fisch.)Bge. 的干燥根。

【功效】补气升阳,固表止汗,利水消肿,生津养血,行滞通痹,托毒排脓,敛疮生肌。

【法规与行标】《中华人民共和国药典》(2020年版一部),315~316页。

【文献记载】

《中华本草》第4册,第十一卷,341~356页。以黄芪为正名收载,别名黄耆、王孙(《药性论》)、绵黄耆(《本草图经》)、绵耆(《本草蒙筌》)、绵黄芪(《全国中草药汇编》)等。根入药,味甘,性温;益气升阳,固表止汗,利水消肿,托毒生肌。

在黄芪的"品种考证"项下记载:古代黄芪入药品种各异,产地亦不稳定。唐代以前以西北地区为主,特别是甘肃产者为道地。宋代以后则以山西产者为良,至清代除山西产之外,又加蒙古黄芪为道地药材。

王惠清《中药材产销》记载:山西浑源为黄芪著名产地;20世纪90年代后,甘肃为产量最大产地。

【附注】

根为常用传统中药，西北道地药材。系国家卫生健康委员会2018年公布的试点新增9种药食同源植物之一。“参芪茶”的主要组分之一。

【识别特征】

多年生草本，高30~80cm。主根深长，稍带木质，不易折断，表面土黄色或浅棕褐色，断面黄白色。茎直立，上部多分枝。奇数羽状复叶互生，小叶5~13对；小叶片宽椭圆形至长圆形，长7~30mm，宽3~12mm，上面无毛，下面被柔毛。总状花序腋生；花萼钟状，5裂；花冠黄色至淡黄色，蝶形；雄蕊10，二体；子房上位。荚果无毛，长2~3cm，稍膨胀；种子5~8粒。花期6~7月，果期7~9月。

蒙古黄芪与黄芪的主要区别：植株较矮小，小叶亦较小，长5~10mm，宽3~5mm，荚果无毛。

18 甘　草

【来源】豆科甘草属甘草的干燥根及根茎。

【原植物】甘草 **Glycyrrhiza uralensis** Fisch.

(《中华人民共和国药典》所收载甘草的原植物包括：甘草、胀果甘草 **G. inflata** Bat. 和光果甘草 **G. glabra** L.，但现今商品药材主要为甘草 **G. uralensis** Fiisch.)

【功效】补脾益气，清热解毒，祛痰止咳，缓急止痛，调和诸药。

【法规与行标】《中华人民共和国药典》(2020年版一部)，88~89页。中华人民共和国轻工行业标准《植物饮料 凉茶》(QB/T 5206—2019)。

【文献记载】

《中国植物志》第四十二卷，第二分册，169~172页。以甘草为正名收载。产东北、华北、西北各地及山东。常生于干旱沙地、河岸沙质地、山坡草地及盐渍化土壤中。

《中华本草》第4册，第十一卷，500~514页。作为甘草来源之一收载，别名美草、蜜甘(《神农本草经》)、蜜草、蕗草(《名医别录》)、国老(《本草经集注》)、粉草(《群芳谱》)、甜草(《中国植物志》)、甜根子(《中药志》)、棒草(《黑龙江中药志》)等。根及根茎入药，味甘，性平；益气补中，缓急止痛，润肺止咳，泻火解毒，调和诸药。

【附注】

传统中药。药食同源植物。

【识别特征】

多年生草本，高30~80cm。根茎圆柱状，多横走；主根长而粗大，外皮红棕色。茎直立，被白色短毛及刺状毛腺体。奇数羽状复叶互生，小叶7~17，卵形或宽卵形，长2~5cm，宽1~3cm，两面被短毛及腺体。总状花序腋生，花密集；花萼钟状，长约为花冠之半；花冠蝶形，淡紫堇色；雄蕊10，二体；子房上位。荚果扁平，呈镰刀状弯曲，密生刺毛状腺体。种子肾形，熟时黑色。花期6~7月，果期7~9月。

19 广金钱草

【来源】豆科假地豆属广东金钱草的干燥地上部分。

【原植物】广东金钱草 **Grona styracifolia**(Osbeck)H. Ohashi & K. Ohashi [《中华人民共和国药典》:豆科植物广金钱草 **Desmodium styracifolium** (Osb.)Merr.]

【功效】利湿退黄,利尿通淋。

【法规与行标】《中华人民共和国药典》(2020年版一部),46页(从1977年起,各版药典均收载)。

【文献记载】

《中国植物志》第四十一卷,34~35页。以广东金钱草为正名收载,别名铜钱射草、铜钱沙(海南澄迈)、金钱草。产广东、海南、广西南部和西南部、云南南部。生于山坡、草地或灌丛中,海拔1000m以下。全株供药用,平肝火,清湿热,利尿通淋。

《广州植物志》332页。本种为野生植物,广州近郊山野间时可见之。其叶形圆如铜钱,故乡人称为金钱草。

《中华本草》第4册,第十一卷,454~456页。广金钱草(《中药通报》),别名广东金钱草(《岭南草药志》)、落地金钱(《中国高等植物图鉴》)、铜钱草、马蹄香(《全国中草药汇编》)等。枝叶入药,味甘、淡,性凉;清热利湿,通淋排石。

【附注】

岭南道地药材。

【识别特征】

半灌木状草本，高30~100cm。茎直立或平卧，密被黄色长柔毛。叶互生，小叶1~3，近圆形，长2.5~4.5cm，宽2~4cm，基部心形，下面密被灰白色茸毛。总状花序腋生或顶生，苞片卵状三角形，每个苞片内有花2朵；花萼钟形，萼裂齿披针形，长为萼筒的2倍；花冠紫色，蝶形，有香气。荚果被毛，荚节3~6。花期6~9月，果期7~10月。

20 白扁豆

【来源】豆科扁豆属扁豆的干燥成熟种子。

【原植物】扁豆 **Lablab purpureus**(L.)Sweet

(《中华人民共和国药典》:扁豆 **Dolichos lablab** L.)

【功效】健脾化湿,和中消暑。

【法规与行标】《中华人民共和国药典》(2020年版一部),114页。中华人民共和国轻工行业标准《植物饮料 凉茶》(QB/T 5206—2019)。其花——白扁豆花,亦列入中华人民共和国轻工行业标准《植物饮料 凉茶》(QB/T 5206—2019)。

【文献记载】

《中国植物志》第四十一卷,270~272页。以扁豆(《名医别录》)为正名收载,别名藊豆(通用名)、火镰扁豆、膨皮豆、藤豆、沿篱豆、鹊豆。我国各地广泛栽培。南北朝时名医陶弘景所撰《名医别录》中记载扁豆已有栽培。本种花有红白两种,豆荚有绿白、浅绿、粉红或紫红等色。嫩荚作蔬食,白花和白色种子入药,有消暑除湿、健脾止泻之效。

《岭南采药录》105~106页。扁豆一年生,草本,蔓生篱落,卷络于他物之上。叶互生,复叶有三小叶,略与葛叶相似。夏日,叶间抽长花轴,短总状花序,蝶形花冠,白色或带紫色,果实为荚,扁平如镰状,长二寸,阔五六分。味辛甘,性平,有小毒,理折伤。其豆能退热补脾止泻;其叶捣敷,消疮毒;其花敷跌打,去瘀生新,消肿去青黑。

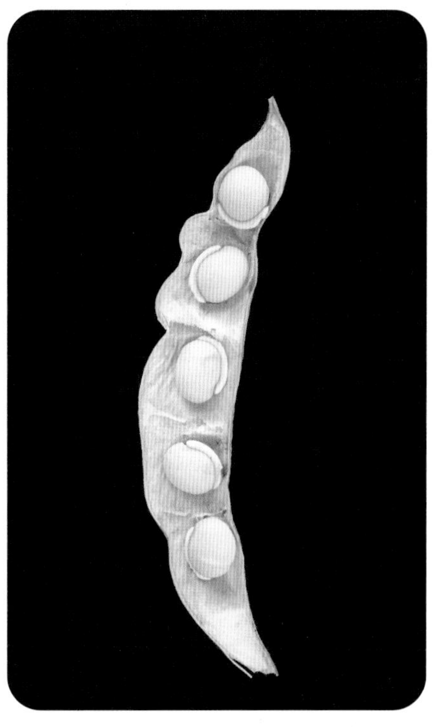

【附注】

传统中药。药食同源植物。其幼嫩荚果为食用菜蔬。

【识别特征】

一年生缠绕草质藤本。茎常呈淡紫色或淡绿色。三出复叶互生;叶柄长4~14cm;顶生小叶宽三角状卵形,长和宽5~10cm;侧生小叶较大,斜卵形。总状花序腋生;花萼宽钟状;花冠蝶形,白色或紫红色,长约2cm;雄蕊10,二体;子房线形,基部有腺体。荚果倒卵状长椭圆形,扁平,长5~8cm,宽1~3cm,具喙,边缘粗糙。种子2~5粒。花果期6~9月。

21 葛 花

【来源】豆科葛属野葛的干燥花。

【原植物】野葛 **Pueraria montana**(Lour.)Merr.

[《广东省中药材标准》:野葛 **Pueraria lobata**(Willd.)Ohwi 或甘葛藤 **Pueraria thomsonii** Benth.]

【功效】解酒醒脾,解肌退热,生津止渴,止泻治痢。

【法规与行标】《广东省中药材标准》(第一册),186~187页。

【文献记载】

《中华人民共和国药典》(1960年版)首次收载葛花,来源为野葛 **Pueraria montana** (Lour.)Merr.

《中国植物志》第四十一卷,224~226页。以葛(《神农本草经》)为正名收载,别名野葛(《本草纲目》)、葛藤。除青海及西藏外,我国南北各地均产。根供药用;茎皮纤维供织布和造纸。古代应用甚广,葛衣、葛巾均为平民服饰;葛纸、葛绳应用亦久,葛粉用于解酒。也是一种良好的水土保持植物。

《中华本草》第4册,第十一卷,610~619页。葛根,始载于《神农本草经》。块根:味甘、辛,性平;解肌退热,发表透疹,生津止渴,升阳止泻。花(葛花,《名医别录》):味甘,性凉;解酒醒脾,止血;藤茎(葛蔓,《新修本草》):味甘,性寒;清热解毒,消肿。

【附注】

葛花为“罗汉果五花茶”的主要组分之一。其根即传统中药“葛根”，亦为药食同源植物。列入中华人民共和国轻工行业标准《植物饮料 凉茶》(QB/T 5206—2019)。

【识别特征】

粗壮藤本，长可达8m，全体被黄色长硬毛，茎基部木化，有粗厚的块状根。羽状复叶互生，具3小叶；小叶3裂，顶生小叶宽卵形或斜卵形，长8~15cm，宽5~12cm，侧生小叶斜卵形，稍小。总状花序，花萼钟状，长8~10mm，花冠紫色，长10~12mm，旗瓣倒卵形，基部有2耳及1附属物；二体雄蕊；子房上位。荚果长椭圆形，长5~9cm，宽8~11mm，扁平，被长硬毛。花期6~9月，果期8~10月。

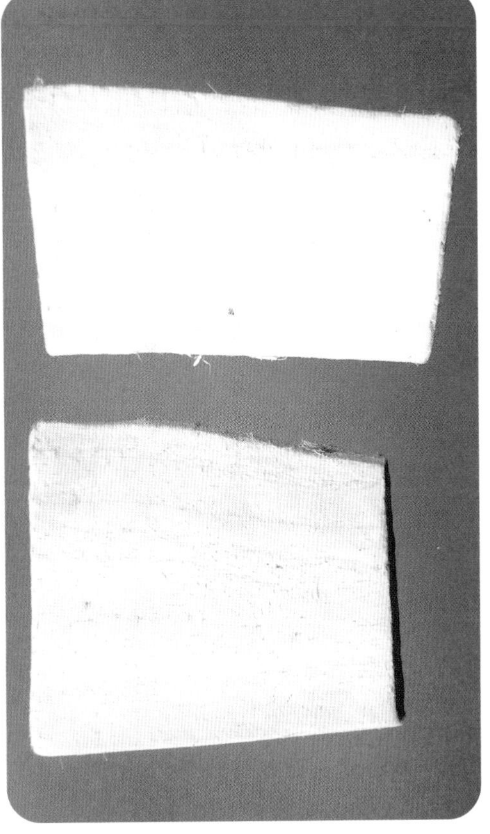

22 决明子

【来源】豆科决明属决明的干燥成熟种子。

【原植物】决明 **Senna tora**(Linnaeus)Roxburgh

(《中华人民共和国药典》:钝叶决明 **Cassia obtusifolia** L. 或决明 **C. tora** L.)

【功效】清热明目,润肠通便 。

【法规与行标】《中华人民共和国药典》(2020年版一部),151~152页。中华人民共和国轻工行业标准《植物饮料 凉茶》(QB/T 5206—2019)。

【文献记载】

《中国植物志》第三十九卷,126页。以决明为正名收载,别名草决明、假花生、假绿豆、马蹄决明。我国长江以南各地普遍分布。生于山坡、旷野及河滩沙地上。其种子叫决明子,有清肝明目、利水通便之功效,同时还可提取蓝色染料;苗叶和嫩果可食。

《中国植物志》电子版及英文版(*Flora of China*)已将钝叶决明 **Senna tora** var. **obtusifolia**(L.)X. Y. Zhu 作为决明的一个变种,即种下等级。

《中华本草》第4册,第十一卷,405~410页。决明子(《神农本草经》),种子入药,味苦、甘、咸,性微寒;清肝明目,利水通便。

【附注】

传统中药。药食同源植物。“二十四味凉茶”组分之一。

【识别特征】

一年生亚灌木状草本，高1~2m。偶数羽状复叶互生，长4~8cm；叶轴上每对小叶间有棒状腺体1枚；小叶3对，倒卵形或倒卵状长椭圆形，长2~6cm，宽1.5~2.5cm，顶端圆钝而有小尖头，基部渐狭，偏斜，全缘。花腋生；萼片5，稍不等大，长约8mm；花瓣黄色，长12~15mm；雄蕊3退化，7能育；子房上位，被白色柔毛。荚果纤细，近四棱形，长达15cm，宽3~4mm；种子约25粒，菱形，光亮。花期7~9月，果期9~10月。

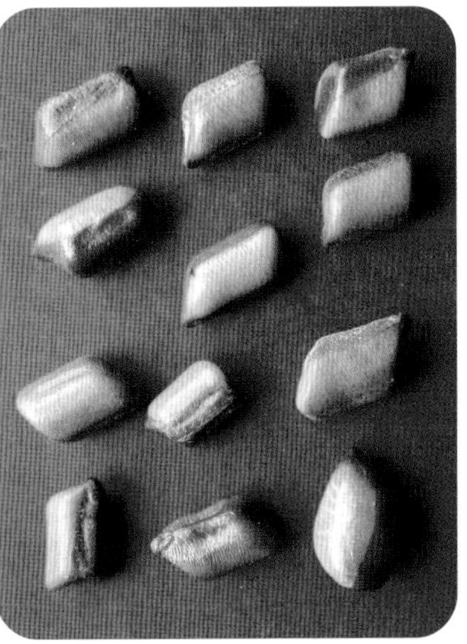

23 槐花（槐米）

【来源】豆科槐属槐的干燥花及花蕾。

【原植物】槐 **Styphnolobium japonicum**（L.）Schott

（《中华人民共和国药典》：槐 **Sophora japonica** L.）

【功效】凉血止血，清肝泻火。

【法规与行标】《中华人民共和国药典》（2020年版一部），370页。中华人民共和国轻工行业标准《植物饮料 凉茶》（QB/T 5206—2019）。

【文献记载】

《中国植物志》第四十卷，92~93页。以槐（《神农本草经》）为正名收载。原产中国，现南北各地广泛栽培，华北地区尤为多见。树冠优美，花芳香，是行道树和优良的蜜源植物；花和荚果入药，有清凉收敛、止血降压功效；叶和根皮有清热解毒作用，可治疗疮毒。木材供建筑用。本种由于生境不同，或由于人工选育结果，形态多变，产生许多变种和变型。

《中华本草》第4册，第十一卷，643~651页。以槐花（《日华子本草》），别名槐蕊（《本草正》）。花及花蕾入药：味苦，性微寒；凉血止血，清肝明目。果实：凉血止血，清肝明目。叶：清肝泻火，凉血解毒，燥湿杀虫。嫩枝：散瘀止血，清热燥湿，祛风杀虫。树皮（槐白皮）：祛风除湿，敛疮生肌，消肿解毒。树脂（槐胶）：平肝，息风，化痰。根：散瘀消肿，杀虫。

【附注】

传统中药。药食同源植物。“罗汉果五花茶”的主要组分之一。

【识别特征】

落叶乔木，高达15~25m。羽状复叶互生，叶柄基部膨大，小叶片9~15；小叶片卵状披针形或卵状长圆形，长2.5~7.5cm，宽1.2~2.7cm，全缘。顶生圆锥花序，花萼钟形，5浅裂；花冠蝶形，黄白色；雄蕊10；子房上位。荚果不裂，种子间明显缢缩呈念珠状。种子棕黑色，肾形。花期7~8月，果期9~10月。

24 葫芦茶

【来源】豆科葫芦茶属葫芦茶的干燥全株。

【原植物】葫芦茶 **Tadehagi triquetrum**(L.)H. Ohashi

【功效】清热利湿,消滞杀虫。

【法规与行标】《广东省中药材标准》(第一册),184~186页。

【文献记载】

《中国植物志》第四十一卷,62~64页。以葫芦茶(《生草药性备要》)为正名收载,别名百劳舌(广东梅县)、牛虫草(海南澄迈)、懒狗舌(江西寻乌)。产福建、江西、广东、海南、广西、贵州及云南。生于荒地或山地林缘、路旁,海拔1400m以下。全株供药用,能清热解毒、健脾消食和利尿。

《广州植物志》332~333页。为广州近郊常见的野生植物,叶柄有翅,叶片阔,状如倒转之葫芦,故有葫芦茶之名,可作药用,广州生草药铺有出售。

《中华本草》第4册,第十一卷,661~663页。葫芦茶(《生草药性备要》),别名螳螂草(《泉州本草》)、咸鱼草(《生草药性备要》)、龙舌癀(《福建中草药》)、葫芦叶(《湖南药物志》)等。枝叶入药,味苦、涩,性凉;清热解毒,利湿退黄,消积杀虫。根:味微苦、辛,性平;清热止咳,拔毒散结。

【附注】

岭南常用草药。“二十四味凉茶”组分之一。凉茶多用其枝叶。

【识别特征】

灌木或亚灌木，茎直立，高1~2m。羽状复叶互生，仅具单小叶；托叶披针形，长1.3~2cm，有条纹；叶柄长1~3cm，两侧有宽翅，翅4~8mm，与叶同质；小叶狭披针形至卵状披针形，长5.8~13cm，宽1.1~3.5cm。总状花序；花2~3朵簇生于每节上；花两性，花萼宽钟形，长约3mm；花冠蝶形，淡紫色或蓝紫色，长5~6mm；二体雄蕊；子房上位。荚果长2~5cm，被毛，有荚节5~8。花果期6~12月。

25 赤小豆

【来源】豆科豇豆属赤豆的干燥成熟种子。

【原植物】赤小豆 **Vigna umbellata**(Thunb.)Ohwi & Ohashi、赤豆 **V. angularis**(Willd.)Ohwi & Ohashi

(《中华人民共和国药典》:赤小豆 **Vigna umbellata** Ohwi & Ohashi 或赤豆 **V. angularis** Ohwi & Ohashi)

【功效】利水消肿，解毒排脓。

【法规与行标】《中华人民共和国药典》(2020年版一部),165页。中华人民共和国轻工行业标准《植物饮料 凉茶》(QB/T 5206—2019)。

【文献记载】

《中国植物志》第四十一卷,287页。以赤豆(《唐本草》)为正名收载,别名小豆(通称)、红豆(广州)、红小豆(东北)。我国南北各地均有栽培。种子供食用,煮粥、制豆沙均可。入药治水肿脚气、泻痢、痈肿,并为缓和的清热解毒药及利尿药;浸水后捣烂外敷,治各种肿毒。

《中国植物志》第四十一卷,288页。以赤小豆(《神农本草经》)为正名收载,别名米豆、饭豆。我国南部野生或栽培。种子供食用;入药,有行血补血、健脾去湿、利水消肿之效。

【附注】

传统中药。药食同源植物。

【识别特征】

草本,直立或匍匐,高15~100cm。叶对生,狭卵圆形至阔卵圆形,长2~5cm,宽0.8~2.8cm,边缘有锯齿;叶柄长2~15mm。轮伞花序,组成顶生的总状花序;花小,两性,花萼钟形,长2~2.5mm;花冠白色或淡红色,长约3mm,冠筒极短,喉部扩大,冠檐二唇形,上唇4齿,下唇全缘。二强雄蕊,后对花丝基部具齿状附属器;子房上位。小坚果4,长圆形,黑色。花果期7~10月。

枇杷

蔷薇科·枇杷属

第三单元

蔷薇科 Rosaceae

胡颓子科 Elaeagnaceae

鼠李科 Rhamnaceae

桑科 Moraceae

葫芦科 Cucurbitaceae

26 木 瓜

【来源】蔷薇科木瓜海棠属皱皮木瓜的干燥近成熟果实。

【原植物】皱皮木瓜 **Chaenomeles speciosa**(Sweet)Nakai

[《中华人民共和国药典》:蔷薇科植物贴梗海棠 **Chaenomeles speciosa**(Sweet) Nakai]

【功效】舒筋活络,和胃化湿。

【法规与行标】《中华人民共和国药典》(2020年版一部),62~63页。中华人民共和国轻工行业标准《植物饮料 凉茶》(QB/T 5206—2019)。

【文献记载】

《中国植物志》第三十六卷,351~352页。以皱皮木瓜为正名收载,别名贴梗海棠(《群芳谱》)、贴梗木瓜(《中国高等植物图鉴》)、铁脚梨(《河北习见树木图说》)等。产陕西、甘肃、四川、贵州、云南、广东。各地习见栽培,花色大红、粉红、乳白且有重瓣及半重瓣品种。早春先花后叶,很美丽。枝密多刺可作绿篱。果实含苹果酸、酒石酸及维生素C等,干制后入药,有祛风、舒筋、活络、镇痛、消肿、顺气之效。

《中华本草》第4册,第十卷,115~120页。木瓜(《名医别录》),果实入药:味酸,性温;舒筋活络,和胃化湿。种子:祛湿舒筋。花:养颜润肤。根:味酸、涩,性温;祛湿舒筋。枝、叶:味酸、涩,性温;祛湿舒筋。树皮:味酸、涩,性温;祛湿舒筋。

【附注】

传统中药。药食同源植物。木本观赏花卉。

【识别特征】

落叶灌木，高2~3m，枝有刺。单叶互生；卵形至椭圆形，长3~9cm，宽1~5cm，边缘有尖锐重锯齿。花先叶开放，3~5朵簇生于2年生枝上；直径3~5cm；萼筒钟状，5裂；花瓣5，绯红色，稀淡红色或白色；雄蕊多数；子房下位，花柱5，基部合生。梨果球形或卵形，直径4~6cm，黄色或带黄绿色，味芳香。花期3~4月，果期9~10月。

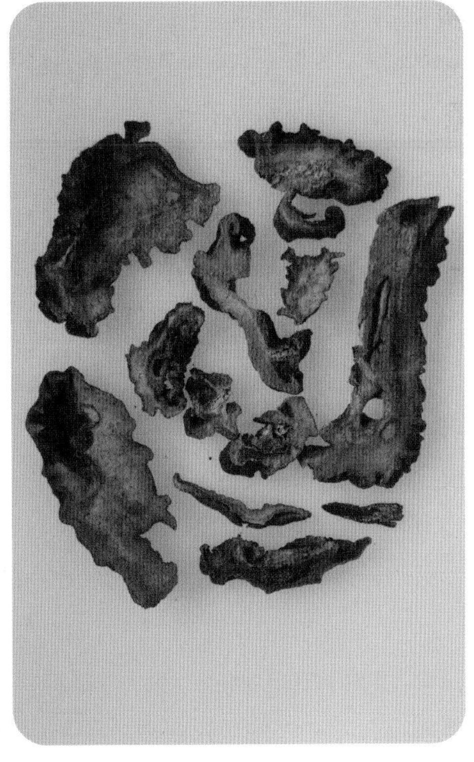

27 山　楂

【来源】蔷薇科山楂属山楂或山里红的干燥成熟果实。

【原植物】山楂 **Crataegus pinnatifida** Bge.、山里红 **C. pinnatifida** var. **major** N. E. Br.

【功效】消食健胃，行气散瘀，化浊降脂。

【法规与行标】《中华人民共和国药典》(2020年版一部)，33页。中华人民共和国轻工行业标准《植物饮料 凉茶》(QB/T 5206—2019)。

【文献记载】

《中国植物志》第三十六卷，189~190页。产黑龙江、吉林、辽宁、内蒙古、河北、河南、山东、山西、陕西、江苏。生于山坡林边或灌木丛中。海拔100~1500m。可栽培作绿篱和观赏树，秋季结果累累，经久不凋，颇为美观。幼苗可作嫁接山里红或苹果等砧木。果可生吃或做果酱、果糕；干制后入药。

《中华本草》第4册，第十卷，126~135页。山楂，果实入药：味酸、甘、性微温；消食积，化滞瘀。种子：消食，散结，催生。叶：止痒，敛疮，降压。木材：祛风燥湿，止痒。根：消积和胃，祛风止血，消肿。

【附注】

传统中药。药食同源植物。

【识别特征】

落叶小乔木，高达6m，树皮粗糙，刺长1~2cm，有时无刺。单叶互生或在短枝上簇生，宽卵形或三角状卵形，长6~12cm，宽5~8cm，基部截形至宽楔形，有3~5对羽状深裂片，边缘有不规则重锯齿；叶柄长2~6cm，伞房花序，具多花；花5数，白色，直径约1.5cm；萼筒钟状，外面密被灰白色柔毛；雄蕊约20枚，短于花瓣，花药粉红色；子房下位，5室，花柱5。梨果近球形，直径达2.5cm，熟时深红色，有黄白色小斑点，小核3~5。花期5~7月，果期8~10月。

山里红为山楂的变种之一，与山楂的主要区别：果较大，直径可达2.5cm，深亮红色；叶片较大，分裂较浅。

28 枇杷叶

【来源】蔷薇科桑属桑的干燥叶。

【原植物】枇杷 **Eriobotrya japonica**(Thunb.)Lindl.

【功效】清肺止咳,降逆止呕。

【法规与行标】《中华人民共和国药典》(2020年版一部),213~214页。

【文献记载】

《中国植物志》第三十六卷,262~264页。以枇杷为正名收载,别名卢橘(广东土名)。产甘肃、陕西、河南、江苏、安徽、浙江、江西、湖北、湖南、四川、云南、贵州、广西、广东、福建、台湾。各地广泛栽培,四川、湖北有野生者。美丽观赏树木和果树。果味甘酸,供生食、蜜饯和酿酒用;叶晒干去毛,可供药用,有化痰止咳、和胃降气之效。木材红棕色,可作木梳、手杖、农具柄等用。

《中华本草》第4册,第十卷,140~145页。枇杷叶(《名医别录》),别名巴叶、卢橘叶(《中药材手册》)。叶入药,味苦、微辛,性微寒;清肺止咳,和胃降逆,止渴。枇杷(果实):润肺下气,止渴。枇杷核(种子):小毒;化痰止咳,疏肝行气,利水消肿。枇杷根:清肺止咳,下乳,祛风湿。树干的韧皮部:降逆和胃,止咳,止泻,解毒。枇杷花:疏风止咳,通鼻窍。

【附注】

传统中药。"二十四味凉茶"组分之一。

【识别特征】

常绿小乔木，小枝粗壮，被锈色茸毛。叶互生，革质；具短柄或近无柄；叶片长椭圆形至倒卵状披针形，长12~30cm，宽3~9cm，边缘有疏锯齿，下面密被锈色茸毛。圆锥花序顶生；萼筒壶形，5浅裂；花瓣5，白色；雄蕊多数；子房下位。梨果，卵形至近圆形，黄色或橙色。花期9~11月，果期翌年4~5月。

29 苹　果

【来源】蔷薇科苹果属苹果的新鲜果实。

【原植物】苹果 **Malus pumila** Mill.

【功效】益胃生津，除烦，醒酒。

【文献记载】

《中国植物志》第三十六卷，381~383页。以苹果（《采兰杂志》）为正名收载，别名柰（《西京杂记》）、西洋苹果（《中国树木分类学》）。辽宁、河北、山西、山东、陕西、甘肃、四川、云南、西藏等地常见栽培。适生于山坡梯田、平原旷野以及黄土丘陵等处，海拔50~2500m。原产欧洲及亚洲中部，栽培历史已久，全世界温带地区均有种植。

《中华本草》第4册，第十卷，162~164页。以苹果（《滇南本草》）为正名收载，别名柰（《名医别录》）、柰子（《千金·食治》）、西洋苹果（《中国树木分类学》）等。果实：味甘、酸，性凉；益胃，生津，除烦，醒酒。果皮：降逆和胃。叶：凉血解毒。

【附注】

苹果为我国北方著名水果之一，经济价值很高，全世界栽培品种总数在1000以上。我国目前栽培的重要品种有直接或间接传入者，也有自己培育的新品种。

【识别特征】

多年乔木，高可达15m。树冠圆形，小枝短而粗。叶互生，椭圆形、卵形至宽椭圆形，长4.5~10cm，宽3~5.5cm，边缘有圆钝锯齿，叶柄粗壮，长1.5~3cm，被短柔毛。伞房花序，具花3~7朵，集生于小枝顶端，花梗长1~2.5cm，花直径3~4cm；萼筒外面密被茸毛；萼片5，短于萼筒，内外两面均密被茸毛；花瓣5，基部具短爪，白色，含苞未放时带粉红色；雄蕊约20，花丝长短不齐，约等于花瓣之半；花柱5，较雄蕊稍长，子房下位。果实扁球形，直径在7cm以上，果梗短粗。花期5月，果期7~10月。

30 杏　仁

【来源】蔷薇科李属杏的干燥成熟种子。

【原植物】杏 **Primus armeniaca** L.

[《中华人民共和国药典》：杏 **Prunus armeniaca** L. 山杏 **P. armeniaca** L. var. **ansu** Maxim、西伯利亚杏 **P. sibirica** L. 、东北杏 **P. mandshurica**（Maxim.）Koehne]

【功效】有小毒。降气，止咳平喘，润肠通便。

（《广东省中药材标准》：清热解毒，凉血止血，行气止痛）

【法规与行标】《中华人民共和国药典》（2020年版一部），210~211页。中华人民共和国轻工行业标准《植物饮料 凉茶》（QB/T 5206—2019）。

【文献记载】

《中国植物志》第三十八卷，25~29页。产全国各地，多数为栽培，尤以华北、西北和华东地区种植较多，少数地区逸为野生，在新疆伊犁一带野生成纯林或与新疆野苹果林混生，海拔可达3000m。世界各地均有栽培。种仁（杏仁）入药，有止咳祛痰、定喘润肠之效。

《中华本草》第4册，第十卷，93~101页。以杏仁（《雷公炮炙录》）为正名收载。种子入药：味苦，性微温，小毒；降气化痰，止咳平喘，润肠通便。果实：润肺定喘，生津止渴。叶：祛风利湿，明目。花：活血补虚。

【附注】

传统中药。药食同源植物。

凉茶用料中以杏的干燥成熟种子最为常用。

【识别特征】

落叶乔木，高达5~8m。树皮灰褐色，纵裂；具多数皮孔。叶互生，叶柄多带红色，基部常具1~6腺体；叶片宽卵形或圆卵形，长5~9cm，宽4~8cm，基部圆形或近心形，叶缘有锯齿。花单生；直径2~3cm，先叶开放；花萼紫绿色，5裂；花瓣5，白色或粉红色，具短爪；雄蕊多数，着生在萼筒的顶端；子房上位。核果，近球形，直径约2.5cm以上，黄色至黄红色，常具红晕，果肉多汁，核平滑；种仁味苦或甜。花期3~4月，果期6~7月。

31 乌　梅

【来源】蔷薇科李属梅的干燥近成熟果实。

【原植物】梅 **Prunus mume**(Siebold)Siebold & Zucc.

[《中华人民共和国药典》:梅 **Prunus mume**(Sieb.)Sieb. & Zucc.]

【功效】敛肺,涩肠,生津,安蛔。

【法规与行标】《中华人民共和国药典》(2020年版一部),81页。中华人民共和国轻工行业标准《植物饮料 凉茶》(QB/T 5206—2019)。

【文献记载】

《中国植物志》第三十八卷,31~33页。以梅(《诗经》)为正名收载,别名春梅(江苏南通)、干枝梅(北京)、酸梅、乌梅。我国各地均有栽培,但以长江流域以南各地最多。梅原产我国南方,已有三千多年的栽培历史,无论作观赏或果树均有许多品种。鲜花可提取香精,花、叶、根和种仁均可入药。果实可食、盐渍或干制,或熏制成乌梅入药,有止咳、止泻、生津、止渴之效。

《中华本草》第4册,第十卷,86~93页。乌梅(《本草经集注》),别名梅实(《神农本草经》)、黑梅(《宝庆本草折衷》)、熏梅、橘梅肉(《现代实用中药》)。近成熟的果实经熏焙加工而成乌梅入药,味酸,性平;敛肺止咳,涩肠止泻,止血,生津,安蛔。未成熟果实(青梅):利咽,生津,涩肠止泻,利筋脉。种仁(梅核仁):清暑,除烦,明目。

【附注】

传统中药。药食同源植物。木本观赏花卉。

【识别特征】

落叶乔木或灌木，高可达10m。叶互生，托叶早落；叶片阔卵形或卵形，长6~8cm，宽3~4.5cm，边缘有细锯齿。花单生或簇生于2年生枝叶腋，先叶开放，白色或淡红色；萼筒杯状，裂片5；花瓣5，倒卵形；雄蕊多数；子房上位。核果球形，直径2~3cm，熟时黄色。果肉味酸，紧贴于坚硬的核上；核表面有凹点，种子1枚。花期1~2月，果期5~6月。

32 白　梨

【来源】蔷薇科梨属白梨的新鲜果实。

【原植物】白梨 **Pyrus bretschneideri** Rehd.

【功效】清肺化痰,生津止渴。

【文献记载】

《中国植物志》第三十六卷,364~365页。产河北、河南、山东、山西、陕西、甘肃、青海。适宜生长在干旱寒冷的地区或山坡阳处,海拔100~2000m。

本种在我国北部习见栽培,抗寒力次于秋子梨,但果实品质很好。河北的鸭梨、蜜梨、雪花梨、象牙梨和秋白梨等,山东的茌梨、窝梨、鹅梨、坠子梨和长把梨等,山西的黄梨、油梨、夏梨和红梨等均属于本种的重要栽培品种。

《中华本草》第4册,第十卷,204~208页。作为梨的来源(《名医别录》)之一收载。果实入药:味甘、微酸,性凉;清肺化痰,生津止渴。果皮:清心润肺,降火生津,解疮毒。花:泽面去斑。叶:舒肝和胃,利水解毒。树枝:行气和中,止痛。树皮:清热解毒。根:润肺止咳,理气止痛。

【附注】

我国北方著名水果之一。“参菊雪梨茶”组分之一。

【识别特征】

乔木，高达5~10m。树冠开展；小枝圆柱形，粗壮。叶互生，卵形或椭圆卵形，长5~11cm，宽3.5~6cm，边缘有尖锐锯齿，两面在嫩时紫红色，叶柄长2.5~7cm。伞形总状花序，有花7~10朵；萼片5，三角形，边缘具腺齿；花瓣5，白色，长1.2~1.4cm，基部具短爪；雄蕊20，长约等于花瓣之半；花柱5或4，与雄蕊近等长；子房下位，2~5室，每室有2胚珠。梨果卵形或近球形，直径2~2.5cm，黄色，具细密斑点；果梗长3~5cm。花期4月，果期8~9月。

33 金樱根

【来源】蔷薇科蔷薇属金樱子的干燥根。

【原植物】金樱子 **Rosa laevigata** Michx.

【功效】固精涩肠。

【法规与行标】《广东省中药材标准》第一册，139~140页。

【文献记载】

《广东植物志》第四卷，220页。金樱子，别名刺梨子(《开宝本草》)、山石榴、山鸡头子(《本草纲目》)、糖樱(广东)。广东各地均产，生于低海拔至中海拔的山地、丘陵、平地的林中或灌丛。果可熬糖酿酒；根活血散瘀，祛风除湿；叶外用治疮疖，烧烫伤；果止泻。

《岭南采药录》21~22页。金樱蔃，别名塘莺、脱骨丹。茎多刺，其蔓甚长，叶如蔷薇，复叶，小叶3个或5个，有光泽，托叶着生于叶柄之上，夏月开白色花，子冬熟，味涩，性温，旺血，理痰火，为洗痟疔痔疮之圣药。

《中华本草》第4册，第十卷，226~227页。以金樱根为正名收录，别名金樱蔃、脱骨丹(《生草药性备要》)。根或根皮入药，味酸、涩，性平；收敛固涩，止血敛疮，祛风活血，止痛杀虫。

【附注】

金樱根，岭南常用草药，广东俗称金樱蔃；也是“王老吉凉茶”的组分之一。其果实为传统中药“金樱子”，亦可熬糖、酿酒。其根皮含鞣质，可制栲胶。

【识别特征】

常绿攀缘灌木，有倒钩状皮刺和刺毛。三出羽状复叶互生；叶柄有棕色腺点及细刺；小叶片椭圆状卵形，长2~7cm，宽1.5~4.5cm，边缘具细锯齿。花单生，直径5~9cm；萼筒形，罐状；花瓣5，白色；雄蕊多数；多数离生心皮雌蕊，藏于萼筒内。蔷薇果梨形或倒卵形，熟时黄红色，外有直刺，顶端具扩展的宿萼，内有多数瘦果。花期4~5月，果期7~11月。

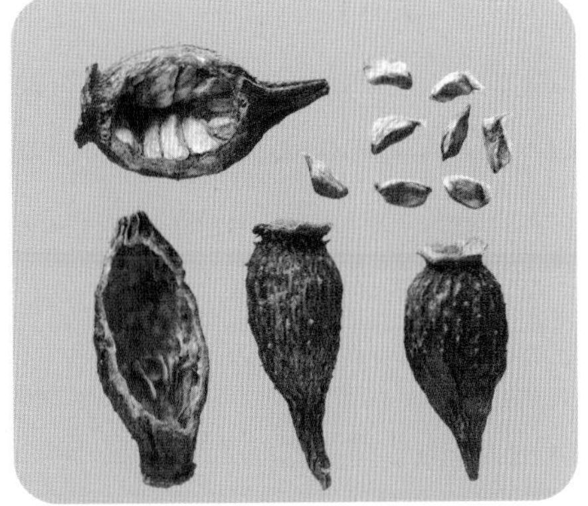

34 沙　棘

【来源】胡颓子科沙棘属中国沙棘的干燥果实。

【原植物】中国沙棘 **Hippophae rhamnoides** subsp. **sinensis** Rousi
(《中华人民共和国药典》:沙棘 **Hippophae rhamnoides** L.)

【功效】健脾消食,止咳祛痰,活血散瘀。

【法规与行标】《中华人民共和国药典》(2020年版一部),191~192页。《甘肃省中药材标准》(2009年版),032~034页。

【文献记载】

《中国植物志》第五十二卷,第二分册,64~66页。作为沙棘的亚种之一,以中国沙棘为正名收载,别名醋柳(山西)、黄酸刺、酸刺柳(陕西)、黑刺(青海)、酸刺(内蒙古)。产河北、内蒙古、山西、陕西、甘肃、青海、四川西部。常生于海拔800~3600m温带地区向阳的山脊、谷地、干涸河床地或山坡,多砾石或沙质土壤或黄土上。我国黄土高原极为普遍。

《中华本草》第5册,第十四卷,442~446页。作为沙棘(《内蒙古中草药》)来源之一收载,别名醋柳果、酸刺、黑刺(《沙漠地区药用植物》)等。果实入药:味酸、涩,性温;止咳化痰,健胃消食,活血散瘀。

【附注】

优良的水土保持植物。藏族、蒙古族习用药材，药食同源植物，西北民间草药。“沙棘果茶”的主要组分之一；“沙棘叶茶”有红茶型和绿茶型两种。

【识别特征】

落叶灌木或小乔木，高达1~5m，具粗壮的棘刺。嫩枝密被银白色而带褐色的鳞片，老枝灰黑色，粗糙。叶互生或近对生，狭披针形至条形，长3~8cm，宽4~10mm，全缘，表面幼时被银白色鳞片，后脱落，背面密生银白色鳞片，叶柄极短。花单性，雌雄异株，淡黄色，先叶开放；短总状花序生于去年枝条上。雄花无梗，雄蕊4；雌花有短梗，子房上位，花柱线形。浆果核果状，球形或卵形，橙黄色，多汁液，味极酸；种子小，阔椭圆形至卵形，黑色或紫黑色，有光泽。花期4~5月，果期8~9月。

35 酸枣仁

【来源】鼠李科枣属酸枣的干燥成熟种子。

【原植物】酸枣 **Ziziphus jujuba** var. **spinosa**(Bunge)Hu ex H.F.Chow.
[《中华人民共和国药典》:酸枣 **Ziziphus jujuba** Mill. var. **spinosa**(Bunge)Hu ex H. F. Chou]

【功效】养心补肝,宁心安神,敛汗,生津。

【法规与行标】《中华人民共和国药典》(2020年版一部),382~383页。中华人民共和国轻工行业标准《植物饮料 凉茶》(QB/T 5206—2019)。

【文献记载】

《中国植物志》第四十八卷,第一分册,135~136页。作为枣(《诗经》)的变种之一,以酸枣(《神农本草经》)为正名收载。产辽宁、内蒙古、河北、山东、山西、河南、陕西、甘肃、宁夏、新疆、江苏、安徽等。常生于向阳、干燥的山坡、丘陵、岗地或平原。种子入药,有镇静安神之功效;果实肉薄,但含丰富的维生素C,生食或制作果酱;花芳香多蜜腺,为华北地区的重要蜜源植物之一;枝具锐刺,常用作绿篱。

《中华本草》第5册,第十三卷,261~268页。酸枣仁(《雷公炮炙论》)种子:味甘,性平;宁心安神,养肝,敛汗。果肉:止血止泻。花:敛疮,明目。叶:敛疮解毒。棘刺:清热解毒,消肿止痛。树皮:敛疮生肌,解毒止血。根:安神。根皮:止血,涩精,收湿敛疮。

【附注】

传统中药。药食同源植物。

【识别特征】

落叶灌木,高1~2m。老枝光滑,灰褐色,分枝基部处具刺1对,一枚针状直立,长1~2cm,另一枚向下弯曲,长约0.5cm。单叶互生;托叶针状;叶片椭圆形至卵状披针形,长2~3.5cm,宽0.6~1.2cm,边缘有细锯齿。花小,5基数;花瓣黄绿色;花盘明显,10浅裂;子房埋于花盘中。核果近球形,直径0.7~1.2cm,核两端钝,熟时暗红褐色,果肉薄,味酸。花期6~7月,果期8~9月。

36 无花果

【来源】桑科榕属无花果的干燥成熟果实。

【原植物】无花果 **Ficus carica** L.

【功效】清热生津，健脾开胃，解毒消肿。

【法规与行标】《新疆维吾尔自治区维吾尔药材标准》(2010年版，第一册)，024页。

【文献记载】

《中国植物志》第二十三卷，第一分册，124~125页。无花果原产地中海沿岸。我国唐代由波斯传入，现南北各地均有栽培，新疆南部尤多。果实可食，幼果及叶入药。新鲜幼果及鲜叶治痔疗效良好。榕果味甜可食或作蜜饯，又可作药用；也供庭园观赏。

萧步丹《岭南采药录》曰：暮春生叶，大而粗糙，三裂或五裂，花单性，淡红，实熟则紫色，软烂，味甘如柿，无核，味淡甘，性平，洗痔疮，并服之。其根，治火病；其实，和猪肉煎汤，解百毒，其白汁下乳汁。

《广州植物志》：无花果，别名蜜果(《群芳谱》)、优昙钵(《广州志》)。本植物在我国南部有栽培，唯不甚普遍。果供食用，叶为医痔圣药。

【附注】

“茅根竹蔗水”组分之一。

【识别特征】

落叶灌木，高3~10m，多分枝。叶互生，广卵圆形，长宽近相等，10~20cm，3~5裂，边缘具不规则钝齿，表面粗糙，背面密生细小钟乳体及灰色短柔毛，基部浅心形；叶柄长2~5cm。雌雄异株，雄花和雌花同生于一榕果内壁，雄花生口部，花被片4~5，雄蕊3；雌花花被似雄花，子房上位，柱头2裂。榕果单生于叶腋，直径3~5cm，熟时紫红色或黄色。花果期5~7月。

37 桑　叶

【来源】桑科桑属桑的干燥叶。

【原植物】桑 **Morus alba** L.

【功效】疏散风热，清肺润燥，清肝明目。

【法规与行标】《中华人民共和国药典》(2020年版一部)，310~311页。中华人民共和国轻工行业标准《植物饮料 凉茶》(QB/T 5206—2019)。

【文献记载】

《广东植物志》第一卷，172页。广东各地均有，多为栽培，亦有野生，多生于村边旷地。桑叶供饲蚕；果实名桑葚，熟时味甜可食，亦可制果酱或酿酒；种子可榨油；茎皮纤维可造纸；木材可做器具、家具及乐器等。根皮、叶、枝和果实供药用。

《广州植物志》389~390页。本植物在我国各地栽培极广，其主要目的为摘取其叶以饲蚕，间有逸为野生的。本植物因栽培历史悠久，变种甚多。

《岭南采药录》49~50页。味甘，性平，无毒，其叶凉血解热，蒸水洗赤眼，其煮猪肉汤食之，治赤眼；其子名桑葚，益颜，滋肾，明目，乌须；其根皮即桑白皮，理肺火，清肝热；其树身皮消疮，收疮口。

【附注】

桑叶和桑葚均为传统中药和药食同源植物。二者在不同功效的凉茶中应用。凉茶颗粒“夏桑菊”主要组分之一为桑叶。桑葚列入中华人民共和国轻工业标准《植物饮料 凉茶》(QB/T 5206—2019)。

【识别特征】

落叶乔木，单叶互生，卵形或宽卵形，长6~15cm，宽4~12cm，边缘有粗齿。花单性异株；雌雄花均排成穗状柔荑花序；雄花花被片4，雄蕊4；雌花花被片4，子房上位，一室，一胚珠。瘦果外被肉质花被，密集成聚花果，成熟时黑紫色。花期4~5月，果期5~6月。

38 罗汉果

【来源】葫芦科罗汉果属罗汉果的干燥成熟果实。

【原植物】罗汉果**Siraitia grosvenorii**(Swingle)C. Jeffrey ex Lu & Z. Y. Zhang [《中华人民共和国药典》:罗汉果 **Siraitia grosvenorii**(Swingle)C. Jeffrey ex A. M. Lu & Z. Y. Zhang]

【功效】清热润肺,利咽开音,滑肠通便。

【法规与行标】《中华人民共和国药典》(2020年版一部),221~222页。中华人民共和国轻工行业标准《植物饮料 凉茶》(QB/T 5206—2019)。

【文献记载】

《中国植物志》第七十三卷,第一分册,162页。以罗汉果为正名收载,别名光果木鳖(《中国高等植物图鉴》)。产广西、贵州、湖南南部、广东和江西。常生于海拔400~1400m的山坡林下及河边湿地、灌丛。广西永福、临桂等地已作为重要经济植物栽培。果实入药,味甘甜,甜度比蔗糖高150倍,有润肺、祛痰、消渴之效,也可作清凉饮料,煎汤代茶,能润解肺燥。

《中华本草》第5册,第十四卷,567~569页。罗汉果(《岭南采药录》),别名拉汉果、假苦瓜(《广西药用植物名录》)、光果木鳖(《中国高等植物图鉴》)等。果实入药,味甘,性凉;清肺利咽,化痰止咳,润肠通便。

【附注】

药食同源植物。“罗汉果五花茶”的主要组分之一。

【识别特征】

多年生攀缘草本，根肥大，纺锤形或近球形。植物体被短柔毛和疣状腺鳞。叶互生，卵形心形、三角状卵形或阔卵状心形，长12~23cm，宽5~17cm，基部心形，边缘微波状；叶柄长3~10cm。卷须稍粗壮，2歧。雌雄异株。雄花序总状，花萼筒宽钟状，裂片5，长约4.5mm；花冠黄色，裂片5，长1~1.5cm；雄蕊5，药室“S”形折曲。雌花的花萼和花冠比雄花大；退化雄蕊5，子房下位。果实球形或长圆形，直径4~8cm，果皮较薄，干后易脆。种子多数。花果期5~9月。

陈皮

芸香科·柑橘属

第四单元

金丝桃科 Hypericaceae

叶下珠科 Phyllanthaceae

桃金娘科 Myrtaceae

橄榄科 Burseraceae

芸香科 Rutaceae

39 黄牛木

【来源】金丝桃科黄牛木属黄牛木的干燥枝叶。

【原植物】黄牛木 **Cratoxylum cochinchinense**(Lour.)Blume

[《中华本草》:藤黄科植物黄牛木 **Cratoxylum cochinchinense**(Lour.)Blume]

【功效】清热解毒,化湿消滞,祛瘀消肿。

【文献记载】

《中国植物志》第五十卷,第二分册,76~78页。以黄牛木(《海南植物志》)为正名收载,别名黄牛茶(广东)、雀笼木(海南)、黄芽木、鹧鸪木、满天红(广西)等。产广东、广西及云南南部。生于丘陵或山地的干燥阳坡上的次生林或灌丛中,海拔1240m以下,能耐干旱,萌发力强。本种材质坚硬,纹理精致,供雕刻用;幼果供作烹调香料;根、树皮及嫩叶入药,治感冒、腹泻;嫩叶尚可作茶叶代用品。

《海南植物志》第二卷,53页。海南各地。丘陵地极常见。生长慢而萌发力极强。广东精美的鸟笼由本种的木材制成,故有"雀笼木"之称。叶可作茶叶。

《中华本草》第3册,第九卷,588~589页。黄牛茶(广州部队《常用中草药手册》),别名雀笼木(广州部队《常用中草药手册》)、黄芽木(《广西药用植物名录》)。根、树皮或茎叶入药。味甘,微苦,性凉;清热解毒,化湿消滞,祛瘀消肿。

【附注】

岭南民间常用草药。"二十四味凉茶"组分之一。

【识别特征】

灌木或小乔木，高1~10m。树皮淡黄色，光滑；枝条对生。单叶对生，椭圆形至长椭圆形，长3~11cm，宽1.5~4cm，上面绿色，下面粉绿色，有透明腺点及黑点，侧脉每边8~12条，叶柄长2~3mm。聚伞花序腋生或腋外生，花粉红、深红至红黄色，直径约1cm；萼片5，长5~7mm，革质，有黑色纵腺条，果时增大；花瓣5，倒卵形，长约为萼片的2倍；雄蕊多数，合生成3~4束，与腺体互生；子房上位。蒴果，椭圆形。花期3~9月，果期5~12月。

40 田基黄

【来源】金丝桃科金丝桃属地耳草的干燥全草。

【原植物】地耳草 **Hypericum japonicum** Thunb.ex Murray

[《广东省中药材标准》:藤黄科植物地耳草 **Hypericum japonicum** Thunb.ex Murray]

【功效】清热利湿,散瘀解毒。

【法规与行标】《广东省中药材标准》(第一册),073~075页。

【文献记载】

《广东植物志》第三卷,207页。以地耳草(《植物名实图考》)为正名收载,别名田基黄(《岭南采药录》)、雀舌草(《野菜谱》)。产广东及海南各地,生于低海拔至中海拔的旷地上,常见于田边、沟边或草地上。

《广州植物志》227页。田基黄为稻田间一种野草,夏秋季节极常见,广州生草药铺有出售。

《中华本草》第3册,第九卷,598~601页。以田基黄(《生草药性备要》)为正名收载,别名雀舌草(《植物名实图考》)、寸金草、禾霞气(《广东中草药》)。全草入药,味甘、微苦,性凉;清热利湿,解毒,散瘀消肿,止痛。

【附注】

"二十四味凉茶"组分之一。

【识别特征】

一年生矮小草本，高2~45cm，茎直立或平卧，具4纵棱，散布淡色腺点。叶对生，无柄，卵形或卵状三角形至长圆形，长2~18mm，宽1~10mm，基部抱茎，全缘；基出脉1~3条，有微小黑色腺点。花两性，黄色，直径4~8mm，萼片5，长2~5.5mm，散生有透明腺点或腺条纹；花瓣5，白色、淡黄至橙黄色，长2~5mm，雄蕊多数，子房上位。蒴果短圆柱形至近球形，长2.5~6mm，3瓣裂。花期5~6月，果期6~10月。

41 余甘子

【来源】叶下珠科余甘子属余甘子的干燥成熟果实。

【原植物】余甘子 **Phyllanthus emblica** L.

(《中华人民共和国药典》:大戟科植物余甘子 **Phyllanthus emblica** L.)

【功效】清热凉血,消食健胃,生津止咳。

【法规与行标】《中华人民共和国药典》(2020年版一部),186~187页。中华人民共和国轻工行业标准《植物饮料 凉茶》(QB/T 5206—2019)。

【文献记载】

《中国植物志》第四十四卷,第一分册,87~89页。以余甘子(《新修本草》)为正名收载,别名庵摩勒(《南方草木状》)、米含(广西隆安)、望果(云南文山)、油甘子(华南)等。产江西、福建、台湾、广东、海南、广西、四川、贵州和云南等地。可作荒山荒地酸性土造林的先锋树种。树姿优美,可作庭园风景树,亦可栽培为果树。果实富含维生素,生津止渴,润肺化痰,解河豚中毒等。初食味酸涩,良久乃甘,故名"余甘子"。树根和叶供药用。

《中华本草》第4册,第十二卷,836~838页。余甘子(《本草图经》),别名油柑子(《广州植物志》)、牛甘子(《南宁市药物志》)、土橄榄等。根、叶及果实入药,味苦、甘、酸,性凉;清热利咽,润肺化痰,生津止渴。

【附注】

岭南民间常用草药。药食同源植物。

【识别特征】

乔木，高可达23m，被黄褐色短柔毛。叶二列，线状长圆形，长8~20mm，宽2~6mm，基部浅心形而稍偏斜，叶柄长0.3~0.7mm。聚伞花序，内有多朵雄花和1朵雌花或全为雄花。雄花：萼片6；雄蕊3，花丝合生成柱；雌花：萼片长圆形或匙形，长1.6~2.5mm；花盘杯状，包藏子房达一半以上，边缘撕裂；子房上位。蒴果核果状，圆球形，直径1~1.3cm。花期4~6月，果期7~9月。

42 水翁花

【来源】桃金娘科蒲桃属水翁蒲桃的干燥花蕾。

【原植物】水翁蒲桃 **Syzygium nervosum** A. Cunn. ex DC.

[《广东省中药材标准》:水翁 **Cleistocalyx operculatus**(Roxb.)Merr.]

【功效】清热解暑,祛湿消滞。

【法规与行标】《广东省中药材标准》(第三册),062~063页。

【文献记载】

《中国植物志》第五十三卷,第一分册,118~119页。水翁(《广州植物志》)、水榕(广东)。产广东、广西、云南等地。花及叶供药用。

《广州植物志》206页。本植物喜生于水旁,为固堤植物之一,广州近郊村落旁不时可见。

《岭南采药录》92~93页。水翁树皮味微酸,性平,洗疥癞杀虫,能行气,洗水染布,再以泥涂之,即乌色。其子红黑者可食,其花清热。

《中华本草》第5册,第十五卷,627~629页。以水翁花(《岭南采药录》)为正名收载,别名水雍花(《广东中药》)、大蛇药(《广西药用植物名录》)。花蕾入药,味苦、味甘,性凉;清热解毒,祛暑生津,消滞利湿。树皮:清热解毒,燥湿,杀虫。叶:清热消滞,解毒杀虫,燥湿止痒。根:清热利湿,行气止痛。

【附注】

岭南民间常用草药。"源吉林甘和茶""黄振龙凉茶"组分之一。

【识别特征】

乔木，高可达15m。树皮灰褐色，颇厚，树干多分枝。叶对生，长圆形至椭圆形，长11~17cm，宽4.5~7cm，两面多透明腺点，侧脉9~13对；以45°~65°开角斜向上，网脉明显，边脉离边缘约2mm；叶柄长1~2cm。圆锥花序生于无叶的老枝上，长6~12cm；花无梗，2~3朵簇生；萼管半球形，长3mm，帽状体长2~3mm，先端有短喙；雄蕊多数，长5~8mm；子房下位。浆果宽卵圆形，直径10~14mm，熟时紫黑色。花期5~6月。

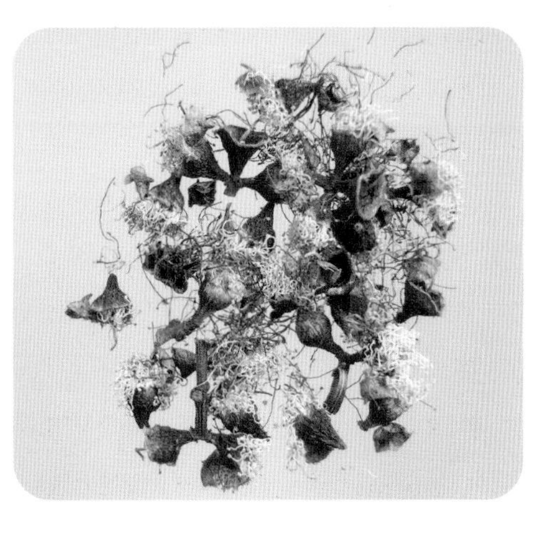

43 青 果

【来源】橄榄科橄榄属橄榄的干燥成熟果实。

【原植物】橄榄 **Canarium album** Leenh.

(《中华人民共和国药典》:橄榄 **Canarium album** Raeusch)

【功效】清热解毒,利咽,生津。

【法规与行标】《中华人民共和国药典》(2020年版一部),206页。中华人民共和国轻工行业标准《植物饮料 凉茶》(QB/T 5206—2019)。

【文献记载】

《中国植物志》第四十三卷,第三分册,25~27页。以橄榄(《开宝本草》)为正名收载,别名黄榄、青果、山榄、白榄(广东、广西)、红榄、青子(广东)、谏果、忠果(古称)。产福建、台湾、广东、广西、云南,野生于海拔1300m以下的沟谷和山坡杂木林中,或栽培于庭园、村旁。是很好的防风树种及行道树。

《中华本草》第5册,第十三卷,21~23页。橄榄(《日华子本草》),别名橄棪(《食疗本草》)、橄榄子(《南州异物志》)、白榄(《广东新语》)、黄榄、甘榄(《陆川本草》)等。果实入药,味甘、酸、涩,性平。清肺利咽,生津止渴,解毒。

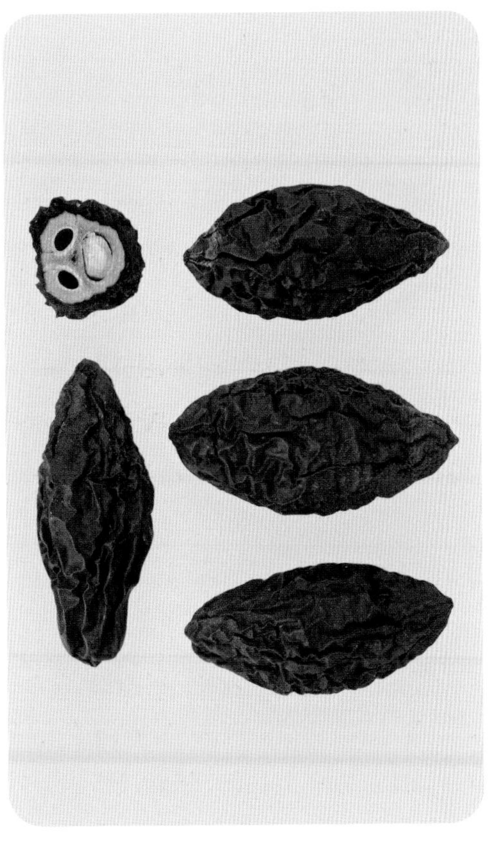

【附注】

传统中药。药食同源植物。果可生食或渍制；核供雕刻；种仁可食，亦可榨油、制肥皂或作润滑油。

【识别特征】

乔木，高10~25m，有胶黏性芳香树脂。树皮淡灰色，平滑，小枝、叶柄及叶轴有短柔毛，有皮孔。奇数羽状复叶互生，小叶3~6对，披针形或椭圆形，长6~14cm，宽2~5.5cm，叶背有极细小疣状突起；基部偏斜，全缘。花序腋生，花小，3数，单性异株；雄蕊6，有花盘，子房上位。核果卵形，长约3cm，初为黄绿色，后为黄白色，两端锐尖。花期4~5月，果期10~12月。

44 化橘红

【来源】芸香科柑橘属化州柚或柚的未成熟或近成熟的干燥外层果皮。

【原植物】化州柚 **Citrus maxima** 'Tomentosa' 或柚 **Citrus maxima**（Burm.）Merr.

[《中华人民共和国药典》:化州柚 **Citrus grandis** 'Tomentosa' 或柚 **Citrus grandis**（L.）Osbeck]

【功效】理气宽中,燥湿化痰。

【法规与行标】《中华人民共和国药典》(2020年版一部),76~77页。中华人民共和国轻工行业标准《植物饮料 凉茶》(QB/T 5206—2019)。

【文献记载】

《中国植物志》第四十三卷,第二分册,187~189页。化州柚是柚 **Citrus maxima**（Burm.）Merr.的一个栽培变种。已有1500余年栽培历史,主产广东化州、茂名等地,广西、湖南也有。

《岭南采药录》140~141页。产于旧化州境,皮薄纹细,多筋脉,色红润,入口芳香,煎之作香甜气。味苦辛,性温平。此物治伤食甚效,消痰尤妙,理气化痰,功力十倍。

【附注】

岭南道地药材。药食同源植物。

【识别特征】

柚:常绿小乔木,嫩枝、叶背、花梗、花萼及子房均被柔毛,嫩叶通常暗紫红色,扁且有棱。单身复叶互生,质厚,色浓绿,阔卵形或椭圆形,连同翼长9~16cm,宽0.5~3cm,边缘浅波状。花极香,总状花序,兼有腋生单花;花蕾淡紫红色稀乳白色;花萼不规则5~3浅裂;花瓣白色,长1.5~2cm;雄蕊25~35;子房球形。柑果圆球形,扁圆形,梨形或阔圆锥状,直径在10cm以上,淡黄或黄绿色,油室大而明显;瓤囊10~15,味极酸。花期4~5月,果期9~12月。

化州柚与柚的主要区别:果被柔毛,果皮比柚的其他品种厚,果肉浅黄白色,味酸带苦,不堪生食。

45 香　橼

【来源】芸香科柑橘属香橼的干燥成熟果实。

【原植物】香橼 **Citrus medica** L.

[《中华人民共和国药典》：枸橼 **Citrus medica** L. 或香圆 **Citrus ivilsonii** Tanaka]

【功效】疏肝理气，宽中，化痰。

【法规与行标】《中华人民共和国药典》(2020年版一部)，270~271页。中华人民共和国轻工行业标准《植物饮料 凉茶》(QB/T 5206—2019)。

【文献记载】

《中国植物志》第四十三卷，第二分册，184页。以香橼(《中馈录》)为正名收载，别名枸橼(《异物志》)、枸橼子(《南方草木状》)。产台湾、福建、广东、广西、云南等地。香橼的栽培史在我国已有2000余年。东汉时杨孚《异物志》(公元1世纪后期)称之为枸橼。唐、宋以后，多称之为香橼，《中国植物志》从之。香橼的生长习性适于高温多湿环境，显然是起源于南方地区。云南西双版纳的阔叶林中，有半野生状态的香橼。

香橼是中药，其干片有清香气，味略苦而微甜，性温，无毒。理气宽中，消胀降痰。

【附注】

传统中药。药食同源植物。

【识别特征】

灌木或小乔木，嫩枝、芽及花蕾均呈暗紫红色。茎枝多刺，刺长达4cm。单叶互生，稀为单身复叶；叶片椭圆形或卵状椭圆形，长6~12cm，宽3~6cm，叶缘有浅钝裂齿。花两性，花瓣5，长1.5~2cm；雄蕊30~50；子房上位，柱头头状。柑果椭圆形、近圆形或两端狭的纺锤形，重可达2000g，果皮淡黄色，粗糙，难剥离，瓤囊10~17瓣，果肉近于透明或淡乳黄色，味酸或略甜，有香气；种子小，平滑。花期4~5月，果期10~11月。

香圆与香橼的主要区别：单身复叶；雄蕊20~25；果肉甚酸，带苦味。

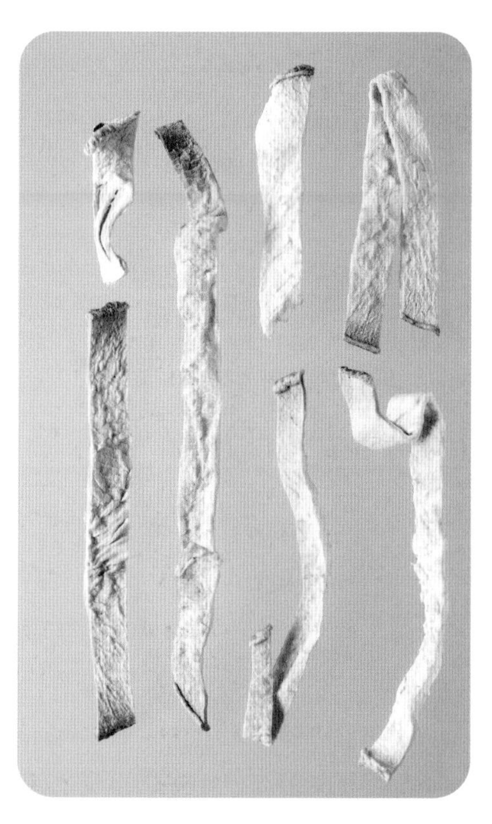

46 佛　手

【来源】芸香科柑橘属佛手的干燥果实。

【原植物】佛手 **Citrus medica**‘Fingered’

（《中华人民共和国药典》：佛手 **Citrus medica** L. var. **sarco- dactylis** Swingle ）

【功效】疏肝理气，和胃止痛，燥湿化痰。

【法规与行标】《中华人民共和国药典》(2020年版一部)，185~186页。中华人民共和国轻工行业标准《植物饮料 凉茶》(QB/T 5206—2019)。

【文献记载】

《中国植物志》第四十三卷，第二分册，186页。佛手为香橼 **Citrus medica** L.的变种，各器官形态与香橼难以区别。但子房在花柱脱落后即行分裂，在果的发育过程中成为手指状肉条，果皮甚厚，通常无种子。花、果期与香橼同。

长江以南各地有栽种。佛手的香气比香橼浓，久置更香。药用佛手因产区不同而名称有别。产浙江的称兰佛手（主产地在兰溪），产福建的称闽佛手，产广东和广西的称广佛手，产四川和云南的，分别称川佛手与云佛手或统称川佛手。手指肉条挺直或斜展的称开佛手，闭合如拳的称闭佛手，或称合拳（广东新语），或拳佛手或假佛手。也有在同一个果上其外轮肉条为扩展性，内轮肉条为拳卷状的。

【附注】

岭南道地药材。药食同源植物。

【识别特征】

常绿小乔木或灌木。幼枝微带紫红色，有短硬刺。叶互生，革质，长圆形或倒卵状长圆形，长8~15cm，宽3.5~6.5cm，边缘有浅锯齿，具透明油点；叶柄短。花杂性，单生、簇生或呈总状花序；花萼杯状，4~5裂；花瓣4~5，白色，外面有淡紫色晕斑；雄蕊30~50。柑果卵形或长圆形，顶端裂瓣如拳或指状，表面粗糙，橙黄色。花期4~5月，果期7~11月。

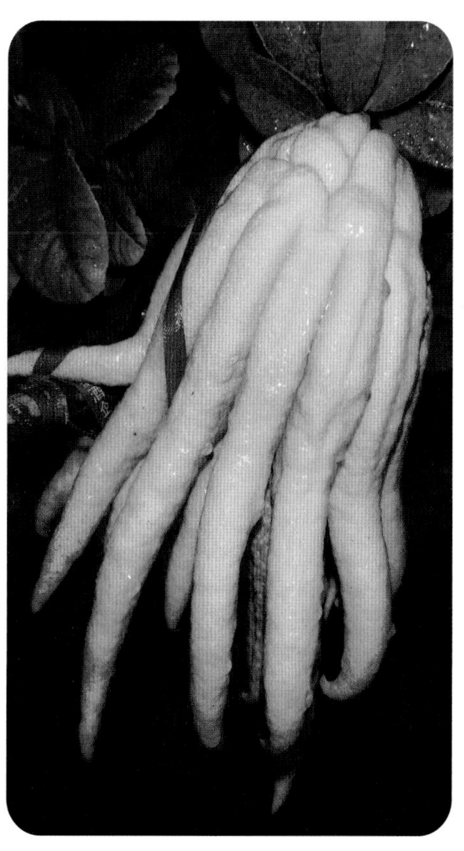

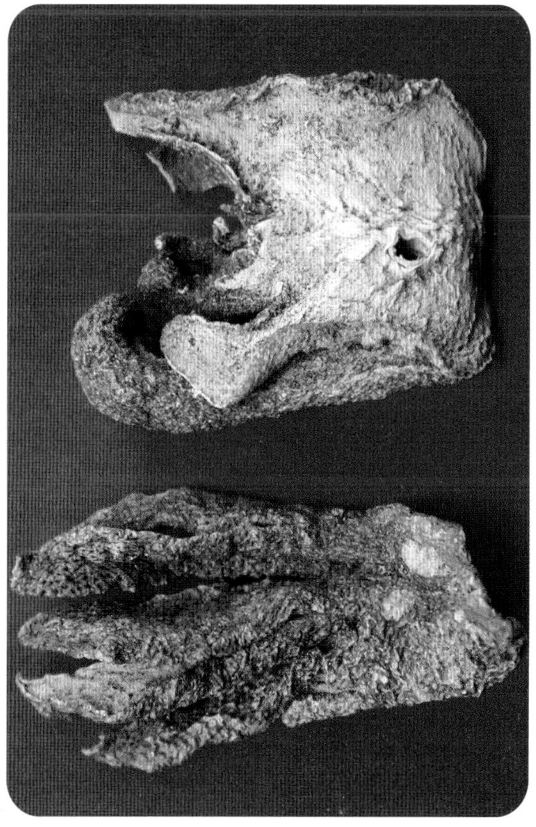

47 陈　皮

【来源】芸香科柑橘属柑橘及其栽培变种的干燥成熟果皮。

【原植物】柑橘 **Citrus reticulata** Blanco

【功效】理气健脾，燥湿化痰。

【法规与行标】《中华人民共和国药典》(2020年版一部)，199~200页。中华人民共和国轻工行业标准《植物饮料 凉茶》(QB/T 5206—2019)。

【文献记载】

《中国植物志》第四十三卷，第二分册，201~203页。柑橘产秦岭南坡以南、伏牛山南坡诸水系及大别山区南部，向东南至台湾，南至海南，西南至西藏东南部海拔较低地区。广泛栽培，很少半野生。我国产的柑、橘，其品种品系之多，可称为世界之冠。

柑橘的栽培品种茶枝柑 **'Chachiensis'** 主产广东(新会、四会)为岭南道地药材广陈皮的来源。果皮常三瓣相连，形状整齐，厚度均匀，约1mm。点状油室较大，对光照视，透明清晰。质较柔软。产量较小，但质量佳。

【附注】

传统中药。药食同源植物。柑橘的栽培变种除了茶枝柑外，还包括大红袍 **C. reticulata** ‘Dahongpao’、温州蜜柑 **C. reticulata** ‘Unshiu’、福橘 **C. reticulata** ‘Tangerina’。

【识别特征】

常绿小乔木，枝柔弱，通常有刺。单身复叶互生，叶片披针形或椭圆形，长4~11cm，宽1.5~4cm，具半透明油腺点。花单生或数朵生于枝端或叶腋，白色或带淡红色；花萼杯状，5裂；花瓣5，长椭圆形；雄蕊15~25，花丝常3~5枚连合。柑果近圆形或扁圆形，红色、朱红色、黄色或橙黄色；瓤瓣7~12，极易分离。花期3~4月，果期10~12月。

48 三椏苦

【来源】芸香科蜜茱萸属三椏苦的干燥叶。

【原植物】三椏苦 **Melicope pteleifolia**（Champ. ex Benth.）T. G. Hartley [《广东省中药材标准》：芸香科植物三叉苦 **Melicope pteleifolia**（Champ. ex Benth.）T. G. Hartley]

【功效】清热解毒，祛风除湿，消肿止痛。

【法规与行标】《广东省中药材标准》（第一册），007~009页。

【文献记载】

《中国植物志》第四十三卷，第二分册，59~62页。以三椏苦（《增订岭南采药录》）为正名收载，别名三支枪、白芸香（广东）、石蛤骨（广西）等。产台湾、福建、江西、广东、海南、广西、贵州及云南南部，西南至云南腾冲。生于平地至海拔2000m的山地，常见于较荫蔽的山谷湿润地方，阳坡灌木丛中偶有生长。枝、叶、树皮等都有类似柑橘叶的香气。根、叶、果都用作草药。味苦。性寒，一说其根有小毒。广东"凉茶"中，多有此料，用其根、茎、枝，作消暑清热剂。

《广州植物志》426~427页。"三椏苦"之名出自《岭南采药录》。为一野生植物，广州近郊的丘陵上极常见。

【附注】

岭南民间常用草药,亦为壮族民间常用药,清热解毒,治感冒。"二十四味凉茶"组分之一。亦为中成药"三九胃泰"主要成分之一。

【识别特征】

灌木或小乔木,高2~8m。树皮灰白色,全株味苦。叶对生,具3小叶,叶柄长;小叶片两端尖,椭圆状披针形,长7~12cm,宽2~5cm。对光可见小油腺点,揉之有香气。花4数,黄白色,细小,集成腋生圆锥花序;离生心皮,子房上位。果淡茶褐或红褐色,开裂时,果皮内弯,种子黑色,近球形。花期4~6月,果期7~10月。

金银花

忍冬科·忍冬属

第五单元

锦葵科 Malvaceae

十字花科 Brassicaceae

蓼科 Polygonaceae

马齿苋科 Portulacaceae

山茱萸科 Cornaceae

49 木棉花

【来源】锦葵科木棉属木棉的干燥花。

【原植物】木棉 **Bombax ceiba** L.

[《中华人民共和国药典》:木棉科植物木棉 **Gossampinus malabarica**(DC.) Merr.;《广东省中药材标准》:木棉科植物木棉 **Bombax ceiba** L.]

【功效】清热利湿,解毒。

【法规与行标】《中华人民共和国药典》(2020年版一部),65~66页。《广东省中药材标准》(第一册),032~034页。

【文献记载】

《广东植物志》第三卷,215~216页。木棉,别名红棉、英雄树、英雄花(广东)、攀枝花(云南)。产广东博罗、广州、高要、阳江等地,海南陵水、崖县、乐东、白沙、东方、保亭等地,栽培或野生,多生于低海拔的林缘或旷野。花、根皮等入药;果实内绵毛可作填充材料;种子油作润滑剂;木材造纸等用。花大美丽,树姿巍峨,可作为行道树或庭院观赏树。

《岭南采药录》158页。木棉,高可至百尺许,干有刺,叶掌状复叶,小叶5片,2月开花,花5瓣,瓣红蕊黄,花落结荚,荚内种子,每粒俱有棉裹之,荚熟则裂,而种子四散,味涩,性平,消毒疮,止痛消肿,治跌打。

【附注】

岭南常用草药。“黄振龙凉茶”组分之一。

【识别特征】

落叶大乔木。幼树有粗大的圆锥状硬刺，分枝开展。掌状复叶，互生，小叶5~7枚，长圆形或长圆状披针形，长10~20cm，宽3.5~7cm，叶柄长10~20cm。花大，先叶开放，红色或橙红色，单生于枝顶。萼厚革质，杯状，裂片3~5；花瓣肉质，长8~10cm；雄蕊最内轮5枚的花丝分叉，各分叉有花药1枚，中间10枚较短，不分叉，外轮多数，集成5束；子房上位，花柱较雄蕊长。蒴果长圆形，木质，密被灰白色长柔毛和星状柔毛；种子多数。花期3~4月。

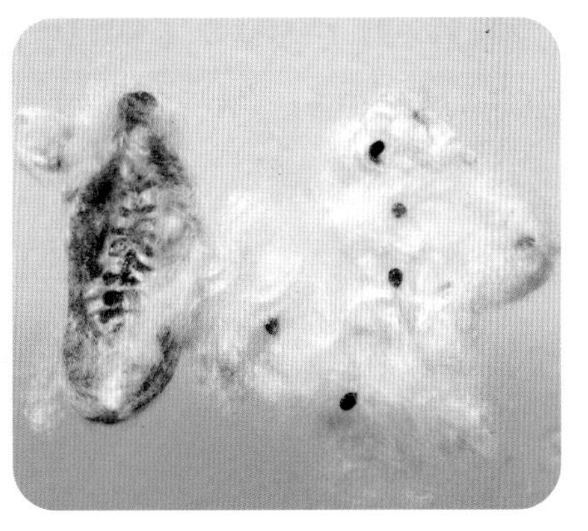

50 山芝麻

【来源】锦葵科山芝麻属山芝麻的干燥叶。

【原植物】山芝麻 **Helicteres angustifolia** L.

(《广东省中药材标准》:梧桐科植物山芝麻 **Helicteres angustifolia** L.)

【功效】清热解毒,凉血泻火。

【法规与行标】《广东省中药材标准》(第一册),016~017页。

【文献记载】

《中国植物志》第四十九卷,第二分册,156~158页。山芝麻,粤西称山油麻,广西博白称坡油麻。产江西、湖南、云南、广东、广西、福建、台湾等地。根、叶入药。

《广州植物志》241~242页。别名山油麻(土名)。本种在我国南部山野和旷地上常见灌木,叶捣烂敷患处,可治疮毒。

《中华本草》第5册,第十四卷,383~384页。以山芝麻为正名收载,别名岗油麻(《生草药性备要》)、岗脂麻(《岭南采药录》)、芝麻头(《岭南草药志》)等。根或全株入药,味苦,性凉,有小毒;清热解毒(《常用中草药手册》)。

【附注】

岭南民间常用草药。“王老吉凉茶”“黄振龙凉茶”主要组分之一。

【识别特征】

小灌木，高可达1m。分枝较少，小枝被灰绿色短柔毛，茎皮纤维丰富。单叶互生，长圆状披针形，长3.5~5cm，宽1.5~2.5cm，上面近无毛，背面有灰白色或淡黄色茸毛，离基三出脉。聚伞花序，有花2至数朵；萼筒状，5裂，长约6mm；花瓣5，淡红色或紫红色，基部有2个耳状附属物；雄蕊10，退化雄蕊5，子房上位，5室。蒴果卵状长圆形，长1.2~2cm，密被毛，种子褐色。

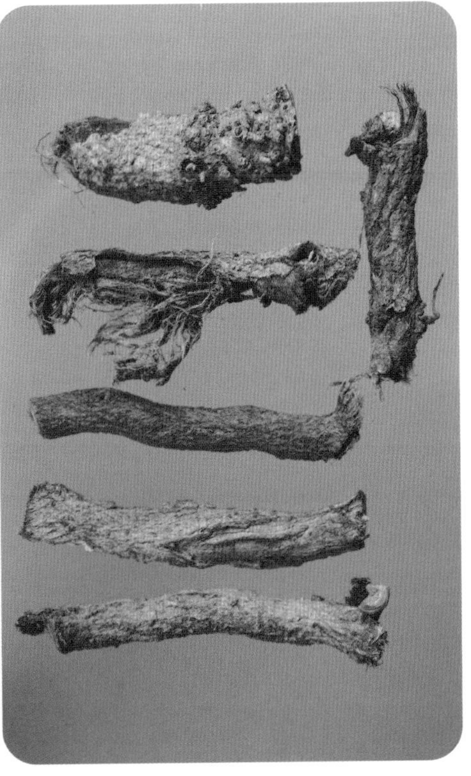

51 布渣叶

【来源】锦葵科破布叶属破布叶的干燥或新鲜叶。

【原植物】破布叶 **Microcos paniculata** L.

(《中华人民共和国药典》《广东省中药材标准》：椴树科植物破布叶 **Microcos paniculata** L.)

【功效】消食化滞，清热利湿。

【法规与行标】《中华人民共和国药典》(2020年版一部)，099页。中华人民共和国轻工行业标准《植物饮料 凉茶》(QB/T 5206—2019)。《广东省中药材标准》(第一册)，066~068页。

【文献记载】

《广州植物志》231页。别名薢宝叶(《汉英韵府》)、布渣叶(《广东通志》)。我国南部极常见野生植物，广州近郊小丘上时见之。树皮可编绳。广州著名的王老吉凉茶中有本种的树叶。

《岭南采药录》136页。布渣叶产于高要、阳江、阳春、恩平等处，叶掌状而色绿，味酸甘，性平，无毒，解一切蛊毒，消黄气，清热毒，作茶饮，去食积。

《中华本草》第5册，第十四卷，324~326页。以破布叶(《生草药性备要》)为正名收载，别名布渣叶(《本草求原》)、瓜布木叶等。叶入药，味酸，性平；清热利湿，健胃消滞。

【附注】

岭南民间常用草药。药食同源植物。“源吉林甘和茶”“王老吉凉茶”组分之一。

【识别特征】

灌木或小乔木，高3~12m。树皮粗糙；嫩枝有毛。叶互生，卵状长圆形，长8~18cm，宽4~8cm，基出三脉，边缘有细钝齿；叶柄长1~1.5cm。顶生圆锥花序；花两性；萼片5，长5~8mm，外面有毛；花瓣5，长圆形，长3~4mm，下半部有毛；腺体长约2mm；雄蕊多数；子房上位。核果近球形，直径约1cm。花期6~7月。

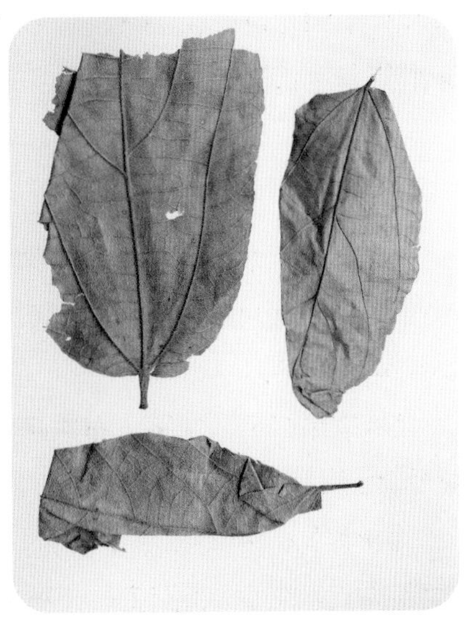

52 胖大海

【来源】锦葵科胖大海属胖大海的干燥成熟种子。

【原植物】胖大海 **Scaphium scaphigerum**(Wall. ex G. Don)G.Planch.（《中华人民共和国药典》：梧桐科植物胖大海 **Sterculia lychnophora** Hance ）

【功效】清热润肺，利咽开音，润肠通便。

【法规与行标】《中华人民共和国药典》(2020年版一部)，273~274页。中华人民共和国轻工行业标准《植物饮料 凉茶》(QB/T 5206—2019)。

【文献记载】

本种《中国植物志》《中国高等植物图鉴》《中国种子植物科属词典》《广东植物志》《海南植物志》等均未收录。《广西植物志》第二卷，以胖大海为正名收载，学名 **Scaphium wallichii** Schott et Endl.，置于梧桐科苹婆属。原产东南亚，近年来广西、海南和广东有引种栽培，植后生长迅速，但稀见开花，未见结果。

《中华本草》第5册，第十四卷，391~393页。以胖大海(《本草纲目拾遗》)为正名收载，学名 **Sterculia lychnophpra** Hance，别名安南子、大洞果(《本草纲目拾遗》)胡大海、大发(《中国药学大辞典》)、大海(《中药志》)等。种子入药，味甘、淡，性凉；清热润肺，利咽，清肠通便。

【附注】

传统中药。药食同源植物。

【识别特征】

落叶乔木，高可达40m。单叶互生，叶片革质，卵形或椭圆状披针形，长10~20cm，宽6~14cm，全缘，光滑无毛，具柄。圆锥花序顶生或腋生，花杂性同株；花萼钟状，宿存，外面被星状柔毛；雄花具10~15个雄蕊；雌花具1枚雌蕊，由5个被短柔毛的心皮组成，具细长纤弱的子房柄。蓇葖果船形，成熟前开裂。种子椭圆形，长2~3cm，黄棕色，表面具皱纹，光滑无毛。

53 莱菔子

【来源】十字花科萝卜属萝卜的干燥成熟种子。

【原植物】萝卜 **Raphanus sativus** L.

【功效】消食除胀,降气化痰。

【法规与行标】《中华人民共和国药典》(2020年版一部),284页。中华人民共和国轻工行业标准《植物饮料 凉茶》(QB/T 5206—2019)。

【文献记载】

《中国植物志》第三十三卷,36~37页。以萝卜(通称)为正名收载。全国各地普遍栽培。模式标本采自中国。根作蔬菜食用;种子、鲜根、枯根、叶皆入药:种子消食化痰;鲜根止渴、助消化,枯根利二便;叶治初痢,并预防痢疾;种子榨油供工业用及食用。

《中华本草》第3册,第九卷,724~731页。莱菔子(《本草演义补遗》),别名萝卜子、芦菔子(《宝庆本草折衷》)。种子:消食导滞,降气化痰。鲜根:消食,下气,化痰,止血,解渴,利尿。开花结实后的老根(地骷髅):行气消积,化痰,解渴,利水消肿。基生叶(莱菔叶):消食理气,润肺利咽,散瘀消肿。

【附注】

传统中药。药食同源植物。种子榨油,工业用或食用。根系为常见菜蔬,全国各地普遍栽培。

【识别特征】

二年或一年生草本,高20~100cm。直根肉质,长圆形、球形或圆锥形,外皮绿色、白色或红色。基生叶和下部茎生叶大头羽状深裂,长8~30cm,宽3~5cm,侧裂片4~6对;上部叶长圆形,有锯齿或近全缘。总状花序,花两性,白色或粉红色,直径1.5~2cm;萼片4,长圆形,长5~7mm;花瓣4,倒卵形,长1~1.5cm,具紫纹,下部有长5mm的爪;四强雄蕊,子房上位。长角果圆柱形,长3~6cm、宽10~12mm,在种子间处缢缩;种子1~6个,长约3mm,红棕色,有细网纹。花期4~5月,果期5~6月。

54 火炭母

【来源】蓼科蓼属火炭母的干燥全草。

【原植物】火炭母 **Polygonum chinense** L.

【功效】清热利湿，凉血解毒。

【法规与行标】《广东省中药材标准》(第一册)，055~057页。

【文献记载】

《中国植物志》第二十五卷，第一分册，105~106页。以火炭母(《图经本草》)为正名收载。产陕西南部、甘肃南部、华东、华中、华南和西南。生山谷湿地、山坡草地，海拔30~2400m。模式标本采自广东。根状茎供药用，清热解毒、散瘀消肿。

《岭南采药录》110~111页。火炭母，茎质柔似细蓼，色赤，叶端尖，近梗形方，夏日开白花，秋结实如椒，色青黑，味甘可食。用叶祛皮肤风热、骨节痈肿疼痛。

《中华本草》第2册，第六卷，647~649页。火炭母草(《本草图经》)，别名火炭毛(《生草药性备要》)、乌炭子(《植物名实图考》)、山荞麦草等。全草入药，味辛、苦，性凉；清热利湿，凉血解毒，平肝明目，活血舒筋。

【附注】

岭南常用草药。"王老吉凉茶"组分之一。

【识别特征】

多年生草本，高70~100cm，基部近木质。根状茎粗壮。茎直立，节膨大，具纵棱，多分枝，斜向上。单叶互生，叶片卵形或长卵形，长4~10cm，宽2~4cm，全缘，具顶端偏斜的膜质托叶鞘，叶脉紫红色，叶面常有"人"字形黑色斑纹，叶柄长1~1.5cm。花序头状，数个排成圆锥状，顶生或腋生；花小，两性；花被片5，白色或淡红色，果时增大，呈肉质，蓝黑色；雄蕊8，比花被短；子房上位，花柱3，中下部合生。瘦果宽卵形，具3棱，长3~4mm，黑色，熟后近球形，包藏于宿存花被内。花期7~9月，果期8~10月。

55 马齿苋

【来源】马齿苋科马齿苋属马齿苋的干燥地上部分。

【原植物】马齿苋 **Portulaca oleracea** L.

【功效】清热解毒，凉血止血，止痢。

【法规与行标】《中华人民共和国药典》(2020年版一部)，51~52页。中华人民共和国轻工行业标准《植物饮料 凉茶》(QB/T 5206—2019)。

【文献记载】

《广东植物志》第二卷，91页。马齿苋，别名五行草(《图经本草》)、长命菜(《本草纲目》)、肥猪菜(澄迈)、老鼠耳、酸甜菜。分布几遍全国，常生于旷地、路旁和园地。茎叶可作蔬菜及饲料，亦为常用草药。

《岭南采药录》108~109页。马齿苋，一年生草本，茎带赤色，平卧于地上，分枝甚多，叶小倒卵形，厚而柔软，夏日枝梢开小花，花5瓣，黄色，结小尖实，中有细子如葶苈子，令市上所售，以之作蔬食者，叶甚薄，亦名马齿苋，此叶厚而软者，反呼为瓜子菜，入药以此为佳，味酸，性寒，无毒，清热解毒，散血消肿。

《中华本草》第2册，第六卷，754~758页。以马齿苋(《本草经集注》)为正名收载，别名马齿草(《雷公炮炙论》)、马齿菜、瓜子菜、长命菜等。全草入药，味酸，性寒；清热解毒，凉血止痢，除湿通淋。

【附注】

传统中药。药食同源植物。常见食用野菜。

【识别特征】

一年生草本。茎平卧或铺散，多分枝，圆柱形，淡绿色或带暗红色。叶互生或近对生，叶片扁平肥厚，倒卵形，长1~3cm，宽0.5~1.5cm，全缘，叶柄粗短。花无梗，直径4~5mm；萼片2，绿色；花瓣5，黄色；雄蕊8~12；子房半下位。蒴果卵球形，长约5mm。种子多数，黑褐色，有光泽。花期5~8月，果期6~9月。

56 山茱萸

【来源】山茱萸科山茱萸属山茱萸的干燥果肉。

【原植物】山茱萸 **Cornus officinalis** Sieb. & Zucc.

【功效】补益肝肾，收敛固脱。

【法规与行标】《中华人民共和国药典》(2020年版一部)，29~30页。

【文献记载】

《中国植物志》第五十六卷，84页。以山茱萸(《神农本草经》)为正名收载。产山西、陕西、甘肃、山东、江苏、浙江、安徽、江西、河南、湖南等地。生于海拔400~1500m，稀达2100m的林缘或森林中。本种的果实称“萸肉”，俗名枣皮。供药用，味酸涩，性微温，为收敛性强壮药，有补肝肾止汗的功效。

《中华本草》第五册，第十五卷，738~742页。以山茱萸(《神农本草经》)为正名收载。别名蜀枣(《神农本草经》)、山茱萸(《小儿药证直诀》)、实枣儿(《救荒本草》)、枣皮(《会约医镜》)、药枣(《四川中药志》)等。果实入药：味酸，性微温；补益肝肾，收敛固脱。

【附注】

常用传统中药，国家卫生健康委员会2018年公布的试点新增9种药食同源植物之一。

【识别特征】

落叶乔木或灌木，高4~10m。单叶对生，卵状披针形或卵状椭圆形，长5.5~10cm，宽2.5~4.5cm，全缘。脉腋密生淡褐色丛毛，中脉在上面明显，下面凸起，侧脉6~7对，弓形内弯；叶柄长0.6~1.2cm。伞形花序，花小，两性，先叶开放；花萼裂片4，阔三角形；花瓣4，舌状披针形，长3.3mm，黄色，向外反卷；雄蕊4，与花瓣互生，长1.8mm；花盘垫状，子房下位。核果长椭圆形，长1.2~1.7cm，直径5~7mm，红色至紫红色；核骨质，狭椭圆形，有几条不整齐的肋纹。花期3~4月，果期9~10月。

广藿香

唇形科·刺蕊草属

第六单元

杜仲科 Eucommiaceae
茜草科 Rubiaceae
夹竹桃科 Apocynaceae
茄科 Solanaceae
车前科 Plantaginaceae
胡麻科 Pedaliaceae
紫葳科 Bignoniaceae
唇形科 Lamiaceae/Labiatae
列当科 Orobanchaceae

57 杜仲叶

【来源】杜仲科杜仲属杜仲的干燥叶。

【原植物】杜仲 **Eucommia ulmoides** Oliver

【功效】补肝肾，强筋骨。

【法规与行标】《中华人民共和国药典》(2020年版一部)，173页。

【文献记载】

《中国植物志》第三十五卷，第二分册，116~118页。以杜仲(《中国高等植物图鉴》)为正名收载。分布于陕西、甘肃、河南、湖北、四川、云南、贵州、湖南及浙江等地，现各地广泛栽种。在自然状态下，生长于海拔300~500m的低山、谷地或低坡的疏林里，对土壤的选择并不严格，在瘠薄的红土或岩石峭壁均能生长。

树皮分泌的硬橡胶供工业原料及绝缘材料，抗酸、碱及化学试剂的腐蚀的性能高，可制造耐酸、碱容量及管道的衬里；种子含油率达27%；木材供建筑及制家具。

《中华本草》第2册，第五卷，458~464页。杜仲始载于《神农本草经》，别名思仙(《神农本草经》)、思仲、木绵(《名医别录》)、丝连皮(《中药志》)等。树皮：甘、微辛，温。补肝肾，强筋骨，安胎。叶：微辛，温。补肝肾，强筋骨，降血压。

【附注】

树皮为常用传统中药。叶系国家卫生健康委员会2018年公布的试点新增9种药食同源植物之一。

【识别特征】

落叶乔木，高达20m。树皮和叶折断后有银白色胶丝，皮孔斜方形。单叶互生，椭圆形或椭圆状卵形，长6~18cm，宽3~7cm，边缘有锯齿。花单性异株，无花被，先叶开放或与叶同时开放，生于小枝基部，雄花：雄蕊5~10；雌花：子房上位，柱头2裂。翅果卵状狭椭圆形，长约3.5cm，种子1粒。花期4~5月，果期9~10月。

58 栀　子

【来源】茜草科栀子属栀子的干燥成熟果实。

【原植物】栀子 **Gardenia jasminoides** J. Ellis

（《中华人民共和国药典》：栀子 **Gardenia jasminoides** Ellis ）

【功效】泻火除烦，清热利湿，凉血解毒。

【法规与行标】《中华人民共和国药典》（2020年版一部），259~260页。中华人民共和国轻工行业标准《植物饮料 凉茶》（QB/T 5206—2019）。

【文献记载】

《中国植物志》第七十一卷，第一分册，332~335页。产山东、安徽、江西、江苏、浙江、湖北、湖南、广东、广西、海南、台湾、福建、四川、云南、贵州等地。别名山栀子、黄栀子、山黄栀、水横枝等。果实为传统中药“栀子”。亦可作天然着色剂。

《广州植物志》508~509页。籽实可作黄色染料，如豆腐之黄色外皮即由本品染成，故有“黄栀”之称，亦供药用。

《中华本草》第6册，第十八卷，421~428页。以栀子（《神农本草经》）为正名收载，别名本丹（《神农本草经》）、越桃（《名医别录》）、山栀子（《药性论》）等。果实：味苦，性寒；泻火除烦，清热利湿，凉血解毒。花：清肺止咳，凉血止血。叶：活血消肿，清热解毒。根：清热利湿，凉血止血。

【附注】

传统中药。药食同源植物。

【识别特征】

常绿灌木，高50~200cm。单叶对生或3叶轮生，叶片长椭圆形或倒卵状披针形，长6~12cm，宽2~4cm，全缘；托叶2片，通常连合成筒状包围小枝。花单生于枝端或叶腋，白色，芳香；花萼绿色，圆筒状；花冠高脚碟状，5~6裂；雄蕊与花冠裂片同数，着生花冠喉部；子房下位，1室。果倒卵形或长椭圆形，具5~8条翅状纵棱，种子多数。花期5~7月，果期8~11月。

59 玉叶金花

【来源】茜草科玉叶金花属玉叶金花的干燥叶。

【原植物】玉叶金花 **Mussaenda pubescens** W. T. Aiton

(《广东省中药材标准》:玉叶金花 **Mussaenda pubescens** Ait.f.)

【功效】清热解暑,凉血解毒,利湿消肿。

【法规与行标】《广东省中药材标准》(第三册),068~069页。

【文献记载】

《中国植物志》第七十一卷,第一分册,296~297页。以玉叶金花(广东)为正名收载,别名野白纸扇(广州)、良口茶(广东)。产广东、香港、海南、广西、福建、湖南、江西、浙江和台湾。生于灌丛、溪谷、山坡或村旁。模式标本采自我国南部。茎叶味甘、性凉,有清凉消暑、清热疏风的功效,供药用或晒干代茶叶饮用。

《广州植物志》506页。广布于我国东部、南部和西南部。本植物在每一花序中有扩大而白色的萼片3~4枚,又因花作黄色,故有玉叶金花之称。其实玉叶并非一寻常的叶片,实为一扩大的萼片。广州近郊山野到处可见,茎叶煎服,有清凉解暑之效,晒干可代茶饮。

【附注】

岭南民间常用草药。“二十四味凉茶”组分之一。

【识别特征】

攀缘灌木。叶对生或轮生，卵状长圆形或卵状披针形，长5~8cm，宽2~2.5cm，下面密被短柔毛；叶柄长3~8mm，被柔毛；托叶三角形，深2裂，长4~6。聚伞花序顶生，密花；花两性，萼管陀螺形，长3~4mm，萼裂片中的一枚特化为花瓣状，白色，长2.5~5cm，宽2~3.5cm；花冠黄色，花冠管长约2cm，花冠裂片长约4mm；雄蕊5，着生于花冠筒上，内藏；子房下位。浆果近球形，直径6~7.5mm，干时黑色。花期6~7月。

60 鸡蛋花

【来源】夹竹桃科鸡蛋花属鸡蛋花的干燥花。

【原植物】鸡蛋花 **Plumeria rubra**'Acutifolia'
(《广东省中药材标准》:鸡蛋花 **Plumeria rubra** L.)

【功效】清热利湿,润肺解毒。

【法规与行标】《广东省中药材标准》(第一册),121~122页。中华人民共和国轻工行业标准《植物饮料 凉茶》(QB/T 5206—2019)。

【文献记载】

《广东植物志》第一卷,446页。鸡蛋花,别名缅栀子。我国南部各地均有栽培。花、树皮药用;鲜花含芳香油,可作化妆品及高级香皂的香精原料。

《广州植物志》486页。以鸡蛋花(广东、广西)为正名收载,别名缅栀子(《植物名实图考》)。广州园圃间常见栽培。花极香,采而晒干,可代茶为饮料,名曰鸡蛋花茶。今肇庆之七星岩胜地,常以此待客;亦供药用,治湿热下痢、里急后重,又能润肺解毒。其原种红鸡蛋花 **Plumeria rubra** L. 鲜红色,中山大学校园和花圃里面有栽培。

《中华本草》第6册,第十七卷,300~301页。鸡蛋花(《岭南采药录》),别名缅栀子(《植物名实图考》)、擂捶花(《广东中药》)、大季花(《广西药用植物名录》)。花朵或茎皮入药,味甘、微苦,性凉;清热,利湿,解暑。

【附注】

岭南民间常用草药。"黄振龙凉茶"组分之一。

【识别特征】

落叶小乔木，枝条粗壮，稍带肉质，易折，含乳汁。叶互生，革质，长圆状倒披针形，长15~40cm，常集生于分枝上部。聚伞花序顶生，有多数花，花冠高脚碟状，长4~5cm，裂片为左旋覆瓦状排列，白色，中心黄色。春末至秋季为开花期。蓇葖果双生，叉开，长圆形，长10~20cm，种子冬季成熟。

61 枸　杞

【来源】茄科枸杞属宁夏枸杞的干燥果实。

【原植物】宁夏枸杞**Lycium barbarum** L.

【功效】滋补肝肾,益精明目。

【法规与行标】《中华人民共和国药典》(2020年版一部),260~261页。中华人民共和国轻工行业标准《植物饮料 凉茶》(QB/T 5206—2019)。

【文献记载】

《中国植物志》第六十七卷,第一分册,13~14页。以宁夏枸杞(《中药志》)为正名收载,别名中宁枸杞、津枸杞、山枸杞。原产我国北部。河北北部、内蒙古、山西北部、陕西北部、甘肃、宁夏、青海、新疆有野生,由于果实可入药而栽培。本种栽培在我国有悠久的历史。常生于土层深厚的沟岸、山坡、田埂和宅旁,耐盐碱、沙荒和干旱沙地,因此,可作水土保持和造林绿化的灌木。

宁夏枸杞作为《中华人民共和国药典》枸杞的唯一来源,见《中华人民共和国药典》一部,2015版,249页;2020版,260~261页。其根皮作为药典地骨皮的来源之一,见《中华人民共和国药典》一部,2015版,124页;2020版,128~129页。

【附注】

传统中药。药食同源植物。"参菊雪梨茶"组分之一。

【识别特征】

落叶灌木或小乔木状。主茎数条，粗壮，小枝有纵棱纹，有不生叶的短棘刺和生叶、花的长棘刺，果枝细长，略下垂。叶互生或簇生，披针形或卵状长圆形，长2~8cm，宽0.5~3cm，全缘。花单生或数朵簇生；花萼杯状，2~3深裂；花冠漏斗状，5裂，粉红色或深紫红色，有暗紫色脉纹；雄蕊5，着生于花冠中部；子房上位，2室。浆果广椭圆形、卵形或近球形，果皮肉质；种子多数，略成肾形而扁平。花果期5~10月。

62 大头陈

【来源】车前科毛麝香属球花毛麝香的干燥带花全草。

【原植物】球花毛麝香 **Adenosma indianum**(Lour.)Merr.

[《广东省中药材标准》:玄参科植物球花毛麝香 **Adenosma indianum**(Lour.)Merr.]

【功效】祛风解表,化湿消滞。

【法规与行标】《广东省中药材标准》(第三册),016~017页。

【文献记载】

《中国植物志》第六十七卷,第二分册,102~104页。以球花毛麝香为正名收载。分布于广东、广西、云南等地。生于海拔200~600m的瘠地、干燥山坡、溪旁、荒地等处。全草药用。

《中华本草》第7册,第二十卷,325~326页。以大头陈(《岭南采药录》)为正名收载,别名千锤草、乌头风、土夏枯草(《广东中药》)、假薄荷、黑头草、神曲草(广州空军《常用中草药手册》)、地松茶(广州部队《常用中草药手册》)、山薄荷(广西)。带花全草入药,味辛、微苦,性平。疏风解表,化湿消滞。

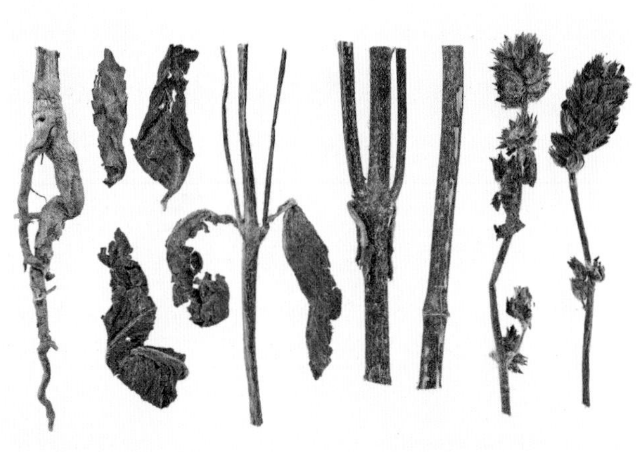

【附注】

岭南常用草药。

【识别特征】

一年生草本，高19~60cm，植物体密被白色长毛。单叶对生，卵形至长椭圆形，长15~45mm，宽5~12mm，边缘具锯齿；上面被毛，下面仅脉上被多毛，密被腺点。花无梗，排列成紧密的穗状花序；长7~20mm，萼长4~5mm；萼齿5；花冠淡蓝紫色至深蓝色，长约6mm，喉部有柔毛；上唇浅2裂；下唇3裂片几相等；二强雄蕊，子房上位，基部有一杯状花盘。蒴果长卵珠形，长约3mm，有2条纵沟。种子多数。花果期9~11月。

63 黑芝麻

【来源】胡麻科胡麻属芝麻的干燥成熟种子。

【原植物】芝麻 **Sesamum indicum** L.

(《中华人民共和国药典》:脂麻科植物芝麻 **Sesamum indicum** L.)

【功效】补肝肾,益精血,润肠燥。

【法规与行标】《中华人民共和国药典》(2020年版一部),359页。中华人民共和国轻工行业标准《植物饮料 凉茶》(QB/T 5206—2019)。

【文献记载】

《中国植物志》第六十九卷,63~64页。芝麻原产印度,我国汉时引入,古称胡麻,但现在通称脂麻,即芝麻。本植物在我国栽培极广且历史悠久。芝麻种子除供食用外,又可榨油,亦供药用,作为软膏基础剂、黏滑剂、解毒剂。种子有黑白二种之分,黑者称黑芝麻,白者称为白芝麻;黑芝麻为含有脂肪油类之缓和性滋养强壮剂,有滋润营养之效。

《中华本草》第7册,第二十卷,482~485页。以黑芝麻(《本草纲目》)为正名收载,别名胡麻(《本经》)、鸿藏(《别录》)、乌麻、乌麻子(《千金要方》)、油麻(《食疗本草》)、黑脂麻(《本草纲目》)。黑色种子入药:味甘,性平;补益肝肾,养血益精,润肠通便。

【附注】

传统中药。药食同源植物。

【识别特征】

一年生直立草本，高60~150cm。叶在茎下部对生，上部互生或近对生，矩圆形或卵形，长3~10cm，宽2.5~4cm，下部叶常掌状3裂，中部叶有齿缺，上部叶近全缘；叶柄长1~5cm。花单生或2~3朵同生于叶腋内；花萼小，5深裂；花冠长2.5~3cm，筒状，直径1~1.5cm，白色而常有紫红色或黄色的彩晕；二强雄蕊，生于花冠筒基部；子房上位。蒴果矩圆形，长2~3cm，直径6~12mm，有纵棱，直立，被毛，分裂至中部或至基部。种子卵圆形，扁平，黑色。花期夏末秋初。

64 木蝴蝶

【来源】紫葳科木蝴蝶属木蝴蝶的干燥成熟种子。

【原植物】木蝴蝶 **Oroxylum indicum**(L.)Kurz.

[《中华人民共和国药典》:木蝴蝶 **Oroxylum indicum**(L.)Vent.]

【功效】清肺利咽,疏肝和胃。

【法规与行标】《中华人民共和国药典》(2020年版一部),66页。

【文献记载】

《中国植物志》第六十九卷,11~12页。产福建、台湾、广东、广西、四川、云南、贵州等地。生于海拔500~900m的热带及亚热带低丘河谷密林,以及公路边丛林中,常单株生长。树皮、种子入药。

《岭南采药录》159页。木蝴蝶出产于广西,乃树实也,片片轻如芦中衣膜,色白,似蝴蝶形,治肝气痛,用二三十张,焙燥研末,酒调服,及下部湿热,贴痈疽用之收口。

《中华本草》第7册,第二十卷,429~432页。以木蝴蝶(《本草纲目拾遗》)为正名收载,别名千张纸、玉蝴蝶(《张韦清医案》)、云故纸(《兽医常用中药》)、白玉纸(《中药志》)、鸭船层纸(《广西中药志》)。成熟种子为传统中药,味微苦、甘,性微寒;利咽润肺,疏肝和胃,敛疮生肌。树皮:清热利湿,退黄,利咽消肿。

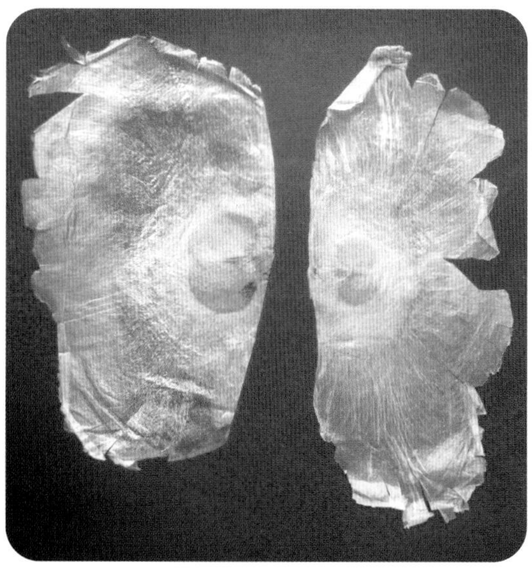

【附注】

传统中药。"王老吉凉茶"组分之一。

【识别特征】

直立小乔木,高6~10m。二至三回单数羽状复叶对生,长60~130cm;小叶三角状卵形,基部偏斜,两面无毛,全缘。总状花序顶生,花大,两性,紫色,傍晚开放,有恶臭气。花萼钟状,紫色,顶端平截;花冠微二唇形,檐部下唇3裂,上唇2裂;雄蕊4,微二强;花盘大,肉质,5浅裂;子房上位。蒴果木质,长40~120cm,厚约1cm,2瓣裂;种子多数,翅薄如纸,故有"千张纸"之称。

65 藿　香

【来源】唇形科藿香属藿香的干燥地上部分。

【原植物】藿香 **Agastache rugosa**(Fisch. & C. A. Mey.)Kuntze

【功效】祛暑解表,化湿和胃。

【法规与行标】《中华人民共和国药典》(1977年版一部),666~667页。中华人民共和国轻工行业标准《植物饮料 凉茶》(QB/T 5206—2019)。

【文献记载】

《中国植物志》第六十五卷,第二分册,259~260页。以藿香(《嘉祐本草》)为正名收载。别名合香、藿香(陕西洋县)、山茴香、香薷(河北)、土藿香(江苏、重庆)、兜娄婆香(《中国药用植物志》)等。各地广泛分布,常见栽培,供药用。全草入药,有止呕吐、治霍乱腹痛、驱逐肠胃充气、清暑等功效;叶和茎均富含挥发性芳香油,有浓郁的香气,为芳香油原料。

《中华本草》第7册,第十九卷,3~5页。藿香(《本草乘雅半偈》),别名土藿香(《滇南本草》)、青茎薄荷(《广西本草选编》)、排香草(《青岛中草药手册》)、大叶薄荷(《浙江药用植物志》)、绿薄荷(《福建药物志》)、川藿香、苏藿香、野藿香(《中药志》)等。地上部分入药:味辛,性微温;祛暑解表,化湿和胃。

【附注】

传统中药。药食同源植物。

【识别特征】

多年生草本。高0.5~1.5m。茎四棱形，粗达7~8mm。叶对生，心状卵形至长圆状披针形，长4.5~11cm，宽3~6.5cm，向上渐小，边缘具粗齿，叶背有微柔毛及点状腺体；叶柄长1.5~3.5cm。轮伞花序组成密集的穗状花序，长2.5~12cm。花萼管状倒圆锥形，长约6mm，喉部微斜，萼齿5；花冠淡紫蓝色，长约8mm，冠檐二唇形，上唇直伸，下唇3裂；二强雄蕊，伸出花冠；花盘厚环状。子房上位。小坚果卵状长圆形，长约1.8mm。花期6~9月，果期9~11月。

66 薄　荷

【来源】唇形科薄荷属薄荷的地上部分。

【原植物】薄荷 **Mentha canadensis** L.

(《中华人民共和国药典》:唇形科植物薄荷 **Mentha haplocalyx** Briq.)

【功效】疏散风热,清利头目,利咽,透疹,疏肝行气。

【法规与行标】《中华人民共和国药典》(2020年版一部),394~395页。中华人民共和国轻工行业标准《植物饮料 凉茶》(QB/T 5206—2019)。

【文献记载】

《中国植物志》第六十六卷,262~264页。以薄荷(《植物名实图考》)为正名收载。产南北各地;生于水旁潮湿地。栽培品种繁多。幼嫩茎尖可作菜食,全草又可入药,治感冒发热喉痛、头痛、目赤痛、皮肤风疹瘙痒、麻疹不透等症。亦常用作食品的矫味剂和作清凉食品饮料,有祛风、兴奋、发汗等功效。

《中华本草》第7册,第十九卷,79~84页。以薄荷(《雷公炮炙论》)为正名收载。全草或叶入药:味辛,性凉;散风热,清头目,利咽喉,透疹,解郁。

【附注】

传统中药。药食同源植物。“二十四味凉茶”组分之一。

【识别特征】

多年生芳香草本。茎方形，高10~80cm。单叶对生，短圆状披针形至披针形，长3~7cm，宽1~3cm，边缘具细锯齿，两面有疏柔毛及黄色腺点。轮伞花序腋生，萼管状钟形，长2~3mm，外被柔毛及腺点，10脉，5齿；花冠淡紫色或白色，4裂，上裂片顶端2裂；雄蕊4，前对较长，伸出花冠外。小坚果长卵圆形，黄褐色。花期7~9月，果期10~11月。

67 凉粉草

【来源】唇形科凉粉草属凉粉草的新鲜或干燥全草。

【原植物】凉粉草 **Mesona chinensis** Benth.

【功效】清热解暑，除热毒。

【法规与行标】《广东省中药材标准》(第三册)，182~184页。中华人民共和国轻工行业标准《植物饮料 凉茶》(QB/T 5206—2019)。

【文献记载】

《中国植物志》第六十六卷，547~549页。以凉粉草(《广州植物志》)为正名收载，别名仙草(《植物分类学报》)、仙人草(广东梅县)、仙人冻(《本草拾遗》)、仙人伴(广东)。产台湾、浙江、江西、广东、广西西部。生于水沟边及干沙地草丛中。模式标本采自广东沿海岛屿。植株晒干后煎汁与米浆混合煮熟，冷却后呈黑色胶状物，质韧而软，以糖拌之，作为暑天的解渴品，广东、广西常有出售。广州一带称为凉粉，梅县一带称为仙人粄。

《岭南采药录》37页。别名凉粉草。出惠州，茎叶秀丽，香犹藿檀，夏日取汁，坚凝如冰，泽颜疗饥，夏时以汁和米粉凝成膏食之，凉沁心脾。

《中华本草》第7册，第十九卷，87~88页。凉粉草，别名仙人草(《职方典》)、仙人冻(《本草纲目拾遗》)、仙草(《中国药用植物图鉴》)。地上部分入药，味甘、淡，性寒；消暑，清热，凉血，解毒。

【附注】

岭南民间常用草药及食材。“二十四味凉茶”组分之一。

【识别特征】

草本，直立或匍匐，高15~100cm。叶对生，狭卵圆形至阔卵圆形，长2~5cm，宽0.8~2.8cm，边缘有锯齿；叶柄长2~15mm。轮伞花序，组成顶生的总状花序；花小，两性，花萼钟形，长2~2.5mm；花冠白色或淡红色，长约3mm，冠筒极短，喉部扩大，冠檐二唇形，上唇4齿，下唇全缘。二强雄蕊，后对花丝基部具齿状附属器；子房上位。小坚果4，长圆形，黑色。花果期7~10月。

68 紫　苏

【来源】唇形科紫苏属紫苏的干燥茎叶。

【原植物】紫苏 **Perilla frutescens**(L.)Britton

【功效】解表散寒,行气和胃。

【法规与行标】《中华人民共和国药典》(2020年版一部),354~355页。中华人民共和国轻工行业标准《植物饮料 凉茶》(QB/T 5206—2019)。其果实紫苏子亦列入中华人民共和国轻工行业标准《植物饮料 凉茶》(QB/T 5206—2019)。

【文献记载】

《中国植物志》第六十六卷,282~287页。以紫苏(通称)为正名收载。别名苏、荏、白苏(《名医别录》《植物名实图考》)、荏子(甘肃、河北)、白紫苏等。全国各地广泛栽培,供药用和香料用。本种变异极大,我国古书上称叶全绿的为白苏,叶两面紫色或面绿背紫的为紫苏。近代分类学者 E. D. Merrill 认为二者同属一种植物,这些变异是因栽培而引起的。二者的差别细微,故合并为一种。

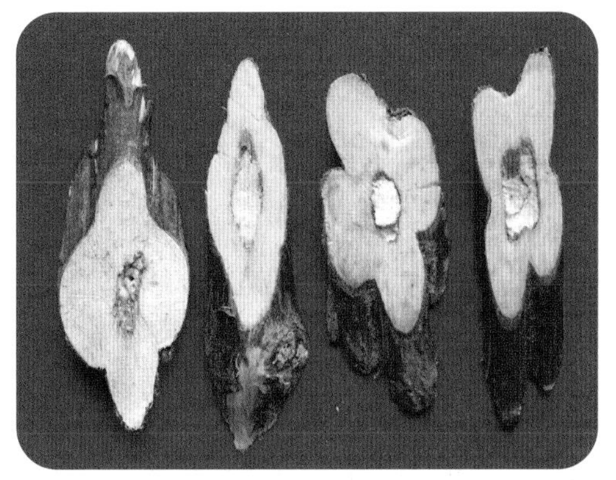

【附注】

传统中药。药食同源植物。"二十四味凉茶"组分之一。

【识别特征】

一年生草本，高30~100cm，香气特异。茎方形，紫或绿紫色。叶对生，有长柄；叶片皱，卵形至宽卵形，长4~12cm，宽2.5~10cm，边缘有粗锯齿，两面紫色，或仅下面紫色，两面疏生柔毛，下面有细腺点。轮伞花序排成总状；花萼钟形；花冠白色至紫红色，二唇形；雄蕊4，二强；子房4裂。小坚果近球形，直径约2mm。花期6~7月，果期7~8月。

69 广藿香

【来源】唇形科刺蕊草属广藿香的干燥地上部分。

【原植物】广藿香 **Pogostemon cablin**（Blanco）Benth.

【功效】芳香化浊，和中止呕，发表解暑。

【法规与行标】《中华人民共和国药典》（2020年版一部），46~47页。

【文献记载】

《中国植物志》第六十六卷，370~371页。广藿香（《广州植物志》），别名藿香（广东广州、福建厦门）。台湾、海南和广东广州、广西南宁、福建厦门等地广为栽培，供药用。梗、叶或叶供药用，为芳香健胃、解热、镇吐剂。又为一芳香植物，其芳香油具有浓烈的香味，可作优良的定香剂，同时又是白玫瑰和馥奇型香精的调和原料，又可与香根草油共用作为东方型香精的调和基础。

【附注】

岭南道地药材。“二十四味凉茶”组分之一。

【识别特征】

多年生芳香草本或半灌木，高30~100cm，揉之有香气。茎直立，上部多分枝，老枝粗壮，近圆柱形；幼枝四棱形，密被灰黄色柔毛。单叶对生，圆形至宽卵形，长2~10cm，宽1.5~8.5cm，边缘有钝锯齿，两面均被毛，脉上尤多；叶柄长1~6cm。轮伞花序密集成穗状；苞片及小苞片线状披针形，与花萼近等长；花萼筒状，长7~9mm，5齿；花冠紫色，长约1cm，4裂；雄蕊4，二强；花盘环状；子房上位。小坚果4，近球形。花期4月，我国栽培者稀见开花。

70 夏枯草

【来源】唇形科夏枯草属夏枯草的干燥果穗。

【原植物】夏枯草 **Prunella vulgaris** L

【功效】清肝泻火，明目，散结消肿。

【法规与行标】《中华人民共和国药典》(2020年版一部)，292~293页。中华人民共和国轻工行业标准《植物饮料 凉茶》(QB/T 5206—2019)。

【文献记载】

《中国植物志》第六十五卷,第二分册,387~390页。以夏枯草为正名收载,别名麦穗夏枯草、铁线夏枯草(《植物名实图考》)等。产陕西、甘肃、新疆、河南、广东、广西、福建、江西、浙江、湖南、湖北、四川、云南、贵州等地。生于荒坡、草地、溪边及路旁等湿润地上,海拔可达3000m。

《中华本草》第7册,第十九卷,135~140页。夏枯草(《神农本草经》),别名麦夏枯(《滇南本草》)、铁色草(《本草纲目》)、夏枯头(《全国中草药汇编》)等。果穗入药:味苦、辛,性寒;清肝明目,散结解毒。

【附注】

传统中药。药食同源植物。凉茶颗粒“夏桑菊”的主要成分之一。

【识别特征】

多年生草本，有匍匐茎。直立茎方形，高约40cm。表面暗红色，有细柔毛。叶对生，卵形或椭圆状披针形，长1.5~6cm，宽1~2.5cm，全缘或疏生锯齿，两面均被毛，基部叶有长柄。轮伞花序密集顶生，呈假穗状；花冠紫红色，唇形，二强雄蕊；子房上位。4小坚果。花期5~6月，果期6~7月。

71 五指柑

【来源】唇形科牡荆属黄荆的干燥全株。

【原植物】黄荆 **Vitex negundo** L.

(《广东省中药材标准》:马鞭草科植物黄荆 **Vitex negundo** L.)

【功效】解表清热,利湿除痰,止咳平喘,理气止痛,截疟杀虫。

【法规与行标】《广东省中药材标准》(第一册),037~040页。

【文献记载】

《岭南采药录》100~101页。五指柑,味甘、苦,性平,无毒,治小儿五疳,煎汤浴身,散热,消疮肿痛,止吐泻,和米炒淬水饮之。

《广州植物志》628页。五指柑,别名布荆、白背叶、布惊(梅县)。本植物在我国南部遍地皆是。籽实、根、叶入药,籽实用作祛风、涤痰镇咳药,根能解肌发汗,叶治久痢、霍乱转筋、脚气肿满等症。

《中华本草》第6册,第十八卷,598页。以黄荆叶(《纲目拾遗》)为正名收载,别名蚊枝叶(《生草药性备要》)、白背叶(《岭南采药录》)、埔姜叶(《广东中药》)等。叶入药,味辛、苦,性凉;解表散热,化湿和中,杀虫止痒。

【附注】

岭南常用草药。"二十四味凉茶"组分之一。

【识别特征】

落叶灌木或小乔木，高2~5m。小枝四棱形，密生灰白色茸毛。掌状复叶对生，通常5小叶，稀3叶，小叶长圆状披针形或披针形，全缘稀有粗锯齿，下面灰白色，被毛；中间小叶长4~13cm，宽0.5~4cm，两侧小叶依次递小。圆锥状花序顶生，花萼钟形，长约2mm，被毛，5裂；花冠蓝紫色或淡紫色，长约7mm，二唇形，上唇2裂，下唇3裂中裂片最大，近圆形；雄蕊4，伸出；子房上位。核果近球形，直径约2mm。花期4~6月，果期7~10月。

72 肉苁蓉

【来源】列当科肉苁蓉属肉苁蓉的干燥肉质茎。

【原植物】肉苁蓉 **Cistanche deserticola** Ma

【功效】补肾阳，益精血，润肠通便。

【法规与行标】《中华人民共和国药典》(2020年版一部)，140~141页。

【文献记载】

《中国植物志》第六十九卷，86~87页。肉苁蓉产内蒙古、宁夏、甘肃及新疆。生于梭梭荒漠的沙丘，海拔225~1150m；主要寄主有梭梭 **Haloxy ammoden**(C.A.Mey.) Bunge.及白梭梭 **H.persicum** Bunge ex Boiss.。茎入药(中药名：肉苁蓉)，采后晾干后为生大芸，盐渍为盐大芸，在西北地区有"沙漠人参"之称，有补精血、益肾壮阳、润肠通便之功效。

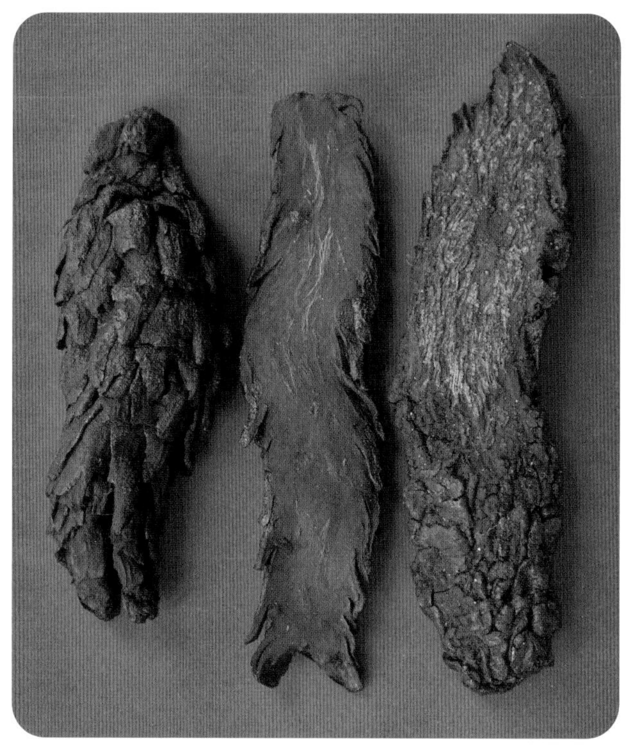

【附注】

传统中药，西北道地药材。维吾尔族、蒙古族习用药材。系国家卫生健康委员会2014年新增的15种药食同源植物之一。"苁蓉蜂蜜茶"主要组分之一。

【识别特征】

多年生寄生草本，高40~160cm，大部分地下生。茎肉质肥厚，圆柱形，向上渐细，不分枝。叶鳞片状，在茎上呈螺旋状排列，下部较密，上部渐稀疏，变狭。叶片宽卵形或三角状卵形。穗状花序，花密集；黄色，干后变暗紫色；花萼钟状，长约15mm，5浅裂，边缘有细圆齿；花冠管状钟形，长约3cm，裂片5，开展，近半圆形，边缘有细圆齿；雄蕊4，着生在花冠管下部，花丝下部被长柔毛；子房上位，基部具黄色蜜腺，花柱光滑，上部弯曲。蒴果卵形，2瓣裂，种子多数。花期5~6月，果期6~8月。

党参

桔梗科·党参属

第七单元

冬青科 Aquifoliaceae

桔梗科 Campanulaceae

菊科 Asteraceae/Compositae

忍冬科 Caprifoliaceae

五加科 Araliaceae

伞形科 Apiaceae

73 岗　梅

【来源】冬青科冬青属秤星树的干燥根及茎。

【原植物】秤星树 **Ilex asprella**(Hook. & Arn.)Champ. ex Benth.

[《广东省中药材标准》:冬青科植物梅叶冬青 **Ilex asprella**(Hook. & Arn.)Champ. ex Benth.]

【功效】清热解毒,止咳生津,利咽消肿,散瘀止痛。

【法规与行标】《广东省中药材标准》(第一册),111~112页。

【文献记载】

《中国植物志》第四十五卷,第二分册,258~260页。以秤星树为正名收载,别名假青梅(《中国高等植物图鉴》)、灯花树(《台湾植物志》)、岗梅、梅叶冬青、苦梅根(广东大埔)、假秤星(广东东莞)、秤星木、天星木、汀星仔(香港)、相星根(广西梧州)等。根、叶入药,清热解毒,生津止渴。

《中华本草》第5册,第十三卷,145~146页。岗梅根(《生草药性备要》),别名糟楼星(《生草药性备要》)、金包银、土甘草(《南宁市药物志》)等。根入药,味苦、甘,性寒;清热,生津,散瘀,解毒。

【附注】

岭南常用草药。“王老吉凉茶”“沙溪凉茶”“黄振龙凉茶”组分之一。

【识别特征】

落叶灌木，高达1~3m。茎枝上有白色的皮孔。叶在长枝上互生，短枝上簇生，短枝多皱，具宿存的鳞片和叶痕。叶片卵形或卵状椭圆形，长3~7cm，宽1.5~3cm，先端尾状渐尖，尖头长6~10mm，基部钝至近圆形，边缘具锯齿，叶面绿色，被微柔毛，背面淡绿色，无毛，侧脉5~6对；叶柄长3~8mm；托叶小，宿存。花白色，雌雄异株。雄花2~3枚簇生或单生叶腋或鳞片腋内，4~5数，花萼盘状，直径2.5~3mm；花冠白色，辐状，直径约6mm，花瓣近圆形，直径约2mm，基部合生；雄蕊与花瓣同数而互生。雌花单生于叶腋，4~6数，子房上位。浆果状核果，球形，有棱，直径5~7mm，熟时黑色。花期3~4月，果期4~10月。

74 救必应

【来源】冬青科冬青属铁冬青的干燥树皮。

【原植物】铁冬青 **Ilex rotunda** Thunb.

【功效】清热解毒,利湿止痛。

(《广东省中药材标准》:清热解毒,凉血止血,行气止痛。)

【法规与行标】《中华人民共和国药典》(2020年版一部),325页。《广东省中药材标准》(第一册),172~173页。

【文献记载】

《中国植物志》第四十五卷,第二分册,45~47页。以铁冬青(《经济植物手册》)为正名收载,别名救必应(《中华人民共和国药典》)、熊胆木(广东、广西)、白银香(广东),白银木、过山风、红熊胆(广西)、羊不食、消癀药(贵州)。产于江苏、安徽、浙江、江西、福建、台湾、湖北、湖南、广东、香港、广西、海南、贵州和云南等地;生于海拔400~1100m的山坡常绿阔叶林中和林缘。叶和树皮入药,凉血散血,清热利湿,消肿镇痛;枝叶作造纸原料;树皮可提制染料和栲胶;木材作细工用材。

《中华本草》第5册,第十三卷,163~164页。以救必应(《岭南采药录》),别名白木香(《岭南采药录》),白沉香、白兰香、冬青仔、山冬青(广东)、过山风(广西)。树皮或根皮入药,味苦,性寒。清热解毒,利湿,止痛。

【附注】

岭南民间常用草药。优良观果植物。

【识别特征】

常绿灌木或乔木，高可达20m，树皮灰色至灰黑色。单叶互生，叶片卵形、倒卵形或椭圆形，长4~9cm，宽1.8~4cm，全缘，侧脉6~9对；叶柄长8~18mm，顶端具叶片下延的狭翅。聚伞花序或伞形状花序，花小，单性；雄花4基数；花萼盘状，花冠辐状，白色。雌花5基数；子房上位，柱头头状。果近球形，直径4~6mm，熟时红色。花期4月，果期8~12月。

75 党　参

【来源】桔梗科党参属党参的干燥根。

【原植物】党参 **Codonopsis pilosula**(Franch.)Nannf.

[《中华人民共和国药典》除党参外还包括：素花党参 **C. pilosula** var. **modesta**(Nannf.)L. T. Shen 或川党参 **C. tangshen** Oliv]

【功效】健脾益肺，养血生津。

【法规与行标】《中华人民共和国药典》(2020年版一部)，293~294页。

【文献记载】

《中国植物志》第七十三卷，第二分册，40~41页。以党参(《神农本草经》)为正名收载。产西藏东南部、四川西部、云南西北部、甘肃东部、陕西南部、宁夏、青海东部、河南、山西、河北、内蒙古及东北地区。生于海拔1560~3100m的山地林边及灌丛中。

《中华本草》第7册，第二十卷，603~611页。作为党参(《本草从新》)的来源之一收载，别名上党人参(《本经逢原》)、防风党参(《本草从新》)、黄党、防党参、上党参(《百草镜》)、狮头参(《纲目拾遗》)等。根入药：味甘，性平；健脾补肺，益气生津。

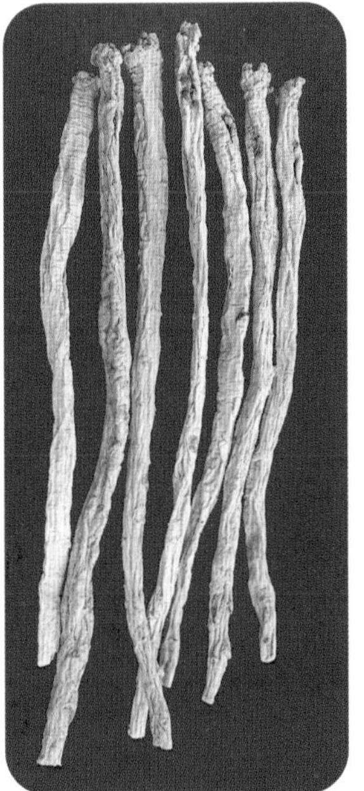

【附注】

常用传统中药。国家卫生健康委员会2014年新增的15种药食同源植物之一。“参芪茶”的主要组分之一。

【识别特征】

多年生草质藤本,有白色乳汁。根肉质,圆柱形,直径1~3cm,顶端有膨大的根头,具多数瘤状茎痕;茎缠绕,长而多分枝。叶互生或近于对生,卵形至倒卵形,长1~7cm,宽1~5cm,两面被毛,全缘或微波状。花两性,单生;花萼5裂,花冠钟状,黄绿色,内面的紫斑;雄蕊5,子房半下位。蒴果圆锥形;种子多数。花期7~8月,果期9~10月。

76 桔　梗

【来源】桔梗科桔梗属桔梗的干燥根。

【原植物】桔梗 **Platycodon grandiflorus**（Jacq.）A. DC.

【功效】宣肺，利咽，祛痰，排脓。

【法规与行标】《中华人民共和国药典》（2020年版一部），289页。中华人民共和国轻工行业标准《植物饮料 凉茶》（QB/T 5206—2019）。

【文献记载】

《中国植物志》第七十三卷，第二分册，77页。以桔梗为正名收载，别名铃当花。产东北、华北、华东、华中各地以及广东、广西（北部）、贵州、云南东南部（蒙自、砚山、文山）、四川（平武、凉山以东）、陕西。生于海拔2000m以下的向阳处草丛、灌丛中，少生于林下。根药用，含桔梗皂苷，有止咳、祛痰、消炎等功效。

《中华本草》第7册，第二十卷，622~627页。桔梗（《神农本草经》），别名荠苨（《名医别录》）、苦梗（《丹溪心法》）、苦桔梗（《本草纲目》）、房图（《名医别录》等。根入药：味苦、辛，性平；宣肺，祛痰，利咽，排脓。

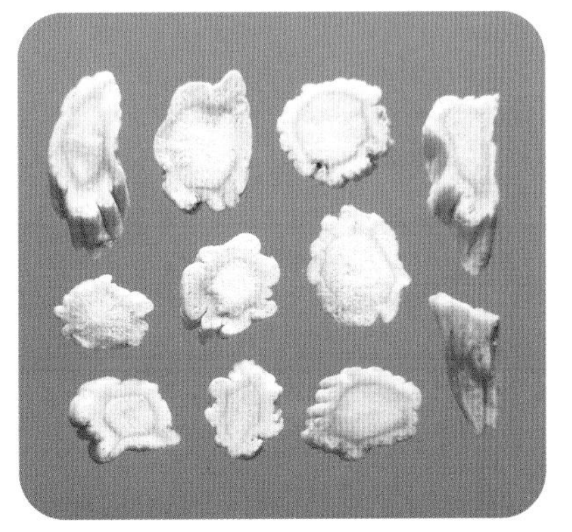

【附注】

传统中药。药食同源植物。

【识别特征】

多年生草本，高40~120cm，含白色乳汁。根胡萝卜状。茎直立，常不分枝。叶3~4片轮生、对生或互生；叶片卵形至披针形，长2~7cm，宽0.5~3cm，顶端尖，边缘有尖锯齿，下面被白粉。花1至数朵，单生或集成疏总状花序；花两性，辐射对称；花萼钟状，裂片5；花冠宽钟状，蓝紫色，5裂；雄蕊5，花丝基部扩大成片状；子房半下位，5室，柱头5裂。子房下位。蒴果倒卵圆形，室背5裂，裂爿带着隔膜。种子多数，黑色，一端斜截，一端急尖，侧面有一条棱。花期7~9月，果期9~11月。

77 菊　花

【来源】菊科菊属菊花的干燥头状花序。

【原植物】菊花 **Chrysanthemum × morifolium**（Ramat.）Hemsl.

（《中华人民共和国药典》：菊 **Chrysanthemum morifolium** Ramat.）

【功效】散风清热，平肝明目，清热解毒。

（《广东省中药材标准》：清热解毒，凉血止血，行气止痛。）

【法规与行标】《中华人民共和国药典》（2020年版一部），323~324页。中华人民共和国轻工行业标准《植物饮料 凉茶》（QB/T 5206—2019）。

【文献记载】

《中华本草》第7册，第二十一卷，805~810页。菊花（《神农本草经》），别名节花（《神农本草经》）、女华（《名医别录》），甘菊、真菊（《抱朴子》），金蕊（《本草纲目》）等。头状花序：味甘、苦，性微寒；疏风清热，平肝明目，解毒消肿。叶：清肝明目，解毒消肿。根：利小便，清热解毒。

【文化典故】

菊花是中国十大名花之一，花中"四君子"（梅、兰、竹、菊）之一，也是世界四大切花（菊花、月季、康乃馨、唐菖蒲）之一，产量居首。

【附注】

传统中药。药食同源植物。“参菊雪梨茶”和“罗汉果五花茶”的组分之一。药材按产地和加工方法不同，分为“亳菊”“滁菊”“贡菊”“杭菊”等。由于花的颜色不同，又有黄菊花和白菊花之分。

【识别特征】

多年生宿根草本，高60~150cm。茎直立，基部木化，上部多分枝，具细毛或柔毛。叶互生，卵形至卵状披针形，长约5cm，宽3~4cm，基部楔形，边缘有粗大锯齿或深裂为羽状，叶背有白色毛茸，具叶柄。头状花序顶生或腋生，直径2.5~5cm，总苞半球形，总苞片3~4层，舌状花，雌性，白色、黄色或淡红色，管状花黄色，基部有膜质鳞片。瘦果无冠毛。花期9~10月。

78 蒲公英

【来源】菊科蒲公英属蒲公英的干燥全草。

【原植物】蒲公英 **Taraxacum mongolicum** Hand.-Mazz.

(《中华人民共和国药典》:菊科植物蒲公英**Taraxacum mongolicum** Hand.-Mazz.、碱地蒲公英 **T. borealisinense** Kitam. 或同属数种植物)

【功效】清热解毒,消肿散结,利尿通淋。

(《广东省中药材标准》:清热解毒,凉血止血,行气止痛。)

【法规与行标】《中华人民共和国药典》(2020年版一部),367~368页。中华人民共和国轻工行业标准《植物饮料 凉茶》(QB/T 5206—2019)。

【文献记载】

《中国植物志》第八十卷,第二分册,32~35页。以蒲公英(《唐本草》)为正名收载,别名蒙古蒲公英、黄花地丁等。我国东北、华北、华东、西南、西北地区均有分布。广泛分布于中、低海拔地区的山坡草地、路边、田野及河滩。

《中华本草》第7册,第二十一卷,986~992页。蒲公英(《本草图经》),别名仆公英(《千金翼方》)、黄花地丁(《本草衍义》)、黄花郎(《救荒本草》)、蒲公丁(《本草纲目》)、黄狗头(《植物名实图考》)、婆婆丁(《滇南本草》)。全草入药:味苦、甘,性寒;清热解毒,消痈散结。

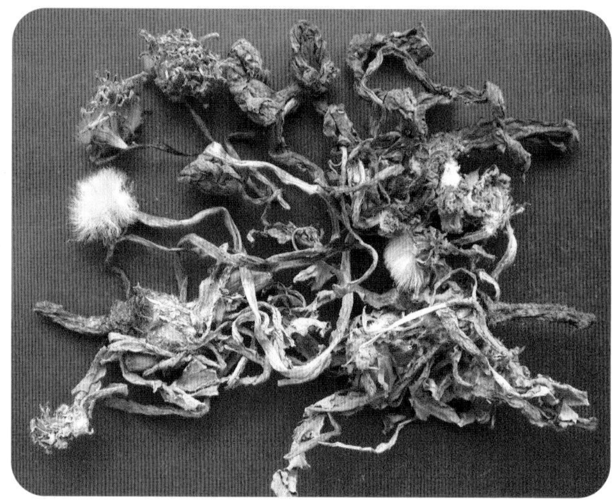

【附注】

传统中药。药食同源植物。"二十四味凉茶"组分之一。萧步丹的《岭南采药录》曰：蒲公英茎高七八寸，汁液如乳状，叶自根出，叶缘有大锯齿，花黄色，顶端有白色之冠毛，味甘，性寒，治乳痈之圣药，消恶毒疮，解食毒，散滞气，消结核疗肿。

【识别特征】

多年生草本，高10~25cm，含乳汁，全株被毛。根单一，表面黄棕色。叶基生，叶片倒披针形或匙形，长5~15cm，宽1~5.5cm，羽状深裂。花茎数个，头状花序单一，顶生，全为舌状花，两性，黄色；聚药雄蕊；子房下位，柱头2裂。瘦果纺锤形，长4~5mm，具纵棱；冠毛白色。花期4~5月，果期6~7月。

79 山银花

【来源】忍冬科忍冬属华南忍冬的干燥花及花蕾。

【原植物】华南忍冬 **Lonicera confusa**(Sweet)DC.

【功效】清热解毒,疏散风热。

【法规与行标】《中华人民共和国药典》(2020年版一部),32页。

【文献记载】

《中国植物志》第七十二卷,238~239页。以华南忍冬为正名收载,别名大金银花、山金银花(广西)、土金银花、左转藤(广东)、山银花(广东汕头、海南)、土花、黄鳝花(广东云浮)、土忍冬(广州、广西)。产广东、海南和广西。本种花供药用,为华南地区金银花的主要品种。

《广州植物志》521页。山银花为广州近郊山野间略常见的一种野生植物,从业草药者常误认为金银花,二者极相似,常混淆,唯忍冬萼管秃净,山银花萼管被柔毛,可资辨别。

《岭南采药录》20~21页。别名忍冬、左缠藤。蔓生,叶背面皆有毛,三四月间开花,有黄有白,味甘,性寒,无毒,能消痈疽疔毒,止痢疾,洗疳疮,去皮肤血热,为外科之圣药,藤叶皆有功用,可以熬膏,不必限于用花也。

【附注】

传统中药金银花的地方用品之一。国家卫生健康委员会2014年新增的15种药食同源植物之一。“罗汉果五花茶”的主要组分之一。

【识别特征】

半常绿木质藤本，小枝密生卷曲的短柔毛。叶对生，卵形或长圆状卵形，长3~7cm，宽1.5~3.5cm，全缘。花成对腋生，苞片狭细；萼筒密生短柔毛，5裂；花冠长3~4cm，初开时白色，后逐渐变黄，唇形，上唇4浅裂，下唇不裂；雄蕊5；子房下位。浆果球形，熟时黑色。花期4~5月，有时9~10月开第二次花，果熟期10月。

80 金银花

【来源】忍冬科忍冬属忍冬的干燥花蕾或带初开的花。

【原植物】忍冬 **Lonicera japonica** Thunb.

【功效】清热解毒,疏散风热。

(《广东省中药材标准》:清热解毒,凉血止血,行气止痛。)

【法规与行标】《中华人民共和国药典》(2020年版一部),230~232页。中华人民共和国轻工行业标准《植物饮料 凉茶》(QB/T 5206—2019)。

【文献记载】

《中华本草》第7册,第二十卷,529~539页。金银花(《履巉岩本草》),别名忍冬花(《新修本草》)、双花(《中药材手册》)、二花(《陕西中药志》)。花蕾及花:味苦,性凉;清热解毒。果实:味苦、涩、微甘,性凉;清肠化湿。

藤茎即忍冬藤,别名老翁须、千金藤(《苏沈良方》)、鹭鸶藤(《履巉岩本草》)、金银花藤(《丹溪心法》)等。味甘,性寒;清热解毒,通络。

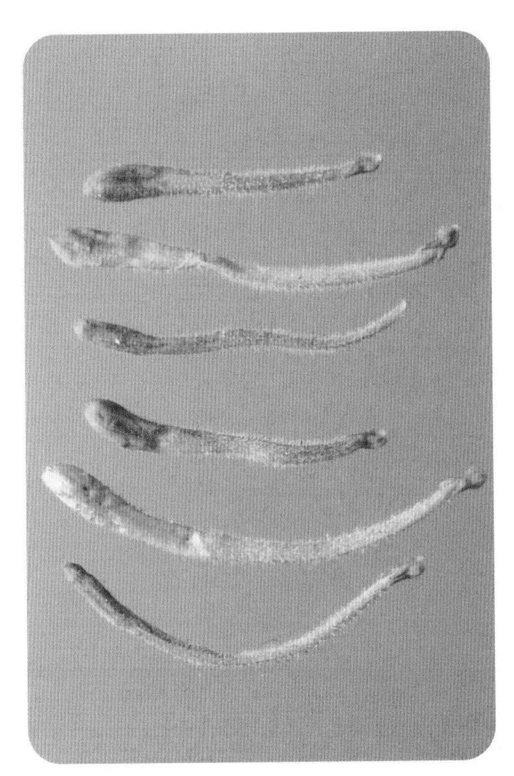

【附注】

传统中药。药食同源植物。"罗汉果五花茶"的主要组分之一。

李时珍《本草纲目》曰：花初开者，蕊瓣俱色白，经二三日，则色变黄，新旧相参，黄白相映，故呼金银花，气甚芬芳。

【识别特征】

半常绿木质藤本，老枝棕褐色，幼枝绿色，密被硬直糙毛、腺毛和短柔毛。叶对生，卵形至矩圆状卵形，长3~8cm，宽1.5~4cm，上面深绿色，下面淡绿色，全缘；叶柄长4~8mm，密被短柔毛。小枝上部叶两面均密被短糙毛，下部叶常平滑无毛。花成对腋生，具大形叶状苞片，长达2~3cm；萼筒长约2mm，秃净，萼齿外面和边缘都有密毛；花冠长3~4cm，初开时白色，后逐渐变黄，唇形，上唇4浅裂，下唇不裂；雄蕊5，伸出花冠；子房下位。浆果球形，熟时黑色。花期5~7月，果期7~10月。

81 人　参

【来源】五加科人参属人参的干燥根。

【原植物】人参 **Panax ginseng** C. A. Mey

【功效】补气,益肺,祛暑,生津。

【法规与行标】《中华人民共和国药典》(2020年版一部),008页。

【文献记载】

《中华本草》第5册,第十五卷,805~829页。人参始载于《神农本草经》,列为上品。别名神草《吴普本草》、百尺杆《本草图经》。根:甘,微苦,微温。大补元气,复脉固脱,补脾益肺,生津养血,安神益智。叶:苦、微甘,寒。解暑祛热,生津止咳。细支根称“参须”,益气,生津,止咳;根茎称“人参芦”,升阳举陷;花:补气强身,延缓衰老。

栽培者称“园参”;播种在山林野生状态下自然生长的称“林下参”。

园参除去支根,晒干或烘干,称“生晒参”,如不除去支根晒干或烘干,则称“全须生晒参”。林下参多加工成全须生晒参。真空冷冻干燥法加工人参称“冻干参”或“活性参”。

【附注】

人参为东北道地药材，属于名贵传统中药，系国家卫生健康委员会2014年新增的15种药食同源植物之一。其须根为“人参麦冬茶”“人参大枣茶”组分之一。

【识别特征】

多年生草本，高30~70cm，主根肉质，圆柱形或纺锤形，末端多分枝，顶端有一明显的根茎。外皮淡黄色。茎直立，单一。掌状复叶，轮生；通常一年生者1片三出复叶，二年生者1片五出复叶，以后每年递增一叶，最多至6片复叶。复叶有长柄，小叶5片，偶见7片，披针形至卵形，长8~12cm，宽3~5cm，边缘有细锯齿。伞形花序单一，顶生；花小，直径2~3mm；花萼绿色，5齿裂；花瓣5，淡黄绿色；雄蕊5，花丝极短；子房下位，花柱2，基部合生。核果状浆果，熟时鲜红色，种子2粒。花期5~6月，果期7~9月。

82 胡萝卜

【来源】伞形科胡萝卜属胡萝卜的新鲜根。

【原植物】胡萝卜 **Daucus carota** var. **sativus** Hoffm.

【功效】健脾和中，滋肝明目，化痰止咳，清热解毒。

【文献记载】

《中国植物志》第五十五卷，第三分册，225页。以胡萝卜(《本草纲目》)为正名收载。全国各地广泛栽培。根作蔬菜食用。并含多量维生素A、B、C及胡萝卜素。用种子繁殖。系野胡萝卜 **Daucus carota** L.的变种。

《中华本草》第5册，第十五卷，942~944页。胡萝卜(《绍兴本草》)，别名黄萝卜(《本草求原》)、金笋(《广州植物志》)、红萝卜(《岭南草药志》)、丁香萝卜(《现代实用中药》)等。根入药：味甘、辛，性平；健脾和中，滋肝明目，化痰止咳，清热解毒。果实：味苦、辛，性温；燥湿散寒，利水杀虫。叶：味辛、甘，性平；理气止痛，利水。

《中华本草》维吾尔药卷，264~265页。胡萝卜，维药名：赛维则(《注医典》)。根入药：补心除烦，润肺平喘，止咳化痰。

【附注】

“茅根竹蔗水”组分之一。

【识别特征】

二年生草本，高15~120cm。根肥厚肉质，长圆锥形，红色、橙红色或黄色。茎单生，直立，全体有白色粗硬毛。基生叶长圆形，二至三回羽状全裂，末回裂片线形或披针形，长2~15mm，宽0.5~4mm；叶柄长3~12cm；茎生叶近无柄，有叶鞘，末回裂片小或细长。复伞形花序顶生，花序梗长10~55cm，伞辐多数，结果时外缘的伞辐向内弯曲；花小，两性，5数，白色，有时带淡红色，子房下位。双悬果圆卵形，长3~4mm，宽2mm，棱上有白色刺毛。花期4~6月，果期6~7月。

主要参考文献

[1] 广东省食品药品监督管理局．广东省中药材标准：第一册[M].广州：广东科技出版社，2004.

[2] 广东省食品药品监督管理局．广东省中药材标准：第二册[M].广州：广东科技出版社，2011.

[3] 广东省食品药品监督管理局．广东省中药材标准：第三册[M].广州：广东科技出版社，2022.

[4] 国家中医药管理局中华本草编委会．中华本草：第1~10册 [M].上海：上海科学技术出版社，1999.

[5] 侯宽昭．中国种子植物科属词典[M].北京:科学出版社，1982.

[6] 金红．粤港澳大湾区药用植物名录[M].广州：广东科技出版社，2020.

[7] 金红，唐旭东．粤港澳大湾区药用植物图鉴[M].北京:科学出版社，2020.

[8] 李冬琳．广东连南瑶族野生凉茶植物资源调查[J].中药材，2020，43(6):6.

[9] 林仁穗．福建地方凉茶植物的药用价值与资源调查研究[D].福州：福建农林大学，2014.

[10] 罗友华，黄亦琦，杨辉．中草药凉茶的研究概述[J].海峡药学，2006，18(5):4.

[11] 马骥，刘传明．岭南采药录考证与图谱：上[M].广州：广东科技出版社，2016.

[12] 马骥，唐旭东．岭南采药录考证与图谱：下[M].广州：广东科技出版社，2016.

[13] 马骥，唐旭东．岭南药用植物图志：上册[M].广州：广东科技出版社，2018.

[14] 马骥，唐旭东．岭南药用植物图志：下册[M].广州：广东科技出版社，2018.

[15] 覃海宁，刘演．广西植物名录 [M].北京:科学出版社，2010.

[16] 丘柳明，郑希龙，梅文莉，等．海南岛润方言黎族凉茶植物资源调查[J].热带生物学报，2014，5(3)：290- 296.

[17] 萧步丹．岭南采药录(根据1932年萧灵兰室铅印本影印)[M].广州：广东科技出版社，2009.

[18] 全国饮料标准化技术委员会. 中华人民共和国轻工业行业标准植物饮料 凉茶,BQ/T5206—2019[S].北京:中华人民共和国工业和信息化部.

[19] 中国科学院植物研究所. 中国高等植物图鉴:第1~5卷[M].北京:科学出版社,1985.

[20] 中国科学院华南植物研究所. 广东植物志:第1~10卷[M].广州:广东科技出版社,1987—2011.

[21] 中国植物志编委会.中国植物志:第1~80卷[M].北京:科学出版社,1961—2004.

凉茶植物中文名索引

凉茶植物学名索引